はじめに

今や宇宙物理学は史上最高速度で進行中です。

長年の謎が次から次へと解き明かされて、人類の目に映る今日の宇宙はもう昨日までの宇宙とちがいます。夜空に輝く恒星にはホット・ジュピターやスーパー・アースがくるくるつきまとい、衝突するブラック・ホールに時空が震え、そこかしこで星が潰れてガンマ線やニュートリノを撒き散らしています。

人類の知識を毎日広げているのは、驚くべき先端観測技術です。

この瞬間も、巨大な検出装置が彼方からの微(かす)かな信号を捉え、宇宙に送り出された探査機が信じられないような異星の光景を写し出し、新しい原理の望遠鏡が誰も知らなかった物理現象を見つけています。

宇宙物理と観測技術は歩調をそろえて進展します。今一番知りたい謎を解くために観測技術が開発され、新しい観測技術は予想もしなかった知識をもたらします。先端観測技術について知れば、宇宙物理学の最前線が分かります。

本書は、現在活躍中の探査機・観測機器を紹介することによって、現代宇宙物理の最前線を展望するものです。ロケットで打ち上げられた宇宙観測機器で、2020年現在運用中のミッションを主に集めました。また、地球に設置された観測装置で、各波長あるいは観測粒子を代表するものも加えました。

Chapter 1では、太陽や惑星など、太陽系内の天体を探査・観測するミッションを紹介します。地球に帰還途上の小惑星探査機はやぶさ2など、宇宙で働く探査機たちです。

Chapter 2は、太陽系の外、さらに遠方の宇宙を探る天文台・天文衛星を集めました。ついにブラック・ホールの姿を撮影したイベント・ホライズン・テレスコープなど、地上や宇宙空間に置かれた天文台です。

Chapter 3は、光を使わずに宇宙を視る、新しい天文学について解説します。ニュートリノや重力波を用いる現在の宇宙物理学の手法が分かります。

Chapter 4は、よその惑星の発見や、地球に接近する危険な天体の監視など、特殊任務に取り組むスペシャリスト衛星についての章です。

本書は人工衛星や望遠鏡の単なるカタログではなく、その装置が宇宙物理学上のどのような謎を解くために開発されたのか、その科学的背景を解説するものです。そのため、科学解説に多くの行を割いています。現代宇宙物理学がどういう問題に取り組んでいるか、読者の理解の一助になれば幸いです。

もっとも、本書執筆で最も苦労したのは、駄洒落や言葉遊びを使ったミッション名の和訳です。もっとうまい訳があればお知らせください。

C O N T E N T

太陽系を探検する探査機・観測機器

POINT!

Chapter 2

宇宙を探る天文台・衛星

Chapter 3

光を使わずに宇宙を視る

Chapter 4

特殊任務に取り組むスペシャリスト衛星

Chapter

1

太陽系を探検する 探査機・観測機器

私たちの太陽系は、中心にまします太陽と、それを取り巻く微細な天体の群れからなります。人類はそれら天体を望遠鏡越しに覗くだけでは満足できず、ロケットで機械の遣いを送り出すようになりました。今では太陽、月、水星から海王星までの8惑星、小惑星や彗星など小天体、冥王星やそのさらに遠く、太陽系のいたるところへ、探査機がはるばる旅をして、様々な冒険を繰り広げています。
この章では現在宇宙で活動中の探査機を紹介します。何十年も前に打ち上げられたベテラン機もあれば、まだ目的天体への途上にある若手もいます。

太陽観測ミッション

太陽からの嵐を監視

宇宙気象台ディスカバー

DSCOVR; Deep Space Climate ObserVatoRy

地球に邪魔されず、連続して太陽観測が可能

開発時の名称：トリアナ（Triana）

太陽電池を広げたディスカバー。撮影：2014年11月24日、NASAケネディ宇宙センターにて。提供：NASA/Ben Smegelsky

主目的

磁気嵐警報を発する

打ち上げ／稼働

2015/02/11 23:03（協定世界時）。2020年現在、運用中。太陽-地球系L_1のハロー軌道。

開発国、組織

アメリカ

観測装置／観測手法

太陽風プラズマ検出器・磁気計
(PlasMag; Solar Wind Plasma Sensor〔Faraday Cup〕and Magnetometer〔MAG〕)

米国標準技術局ラジオメータ
(NISTAR; National Institute of Standards and Technology Advanced Radiometer)

地球カラー・カメラ
(EPIC; Earth Polychromatic Imaging Camera)

電子分析器 (ES; Electron Spectrometer)

波高分析器 (PHA; Pulse Height Analyzer)

**陽は光の他に電子や陽子やイオンといった粒子を宇宙に放出しています。こういう粒子の流れを太陽風と呼びます。**これらの粒子のほとんどは、地球の磁場に跳ね返されて、地表に届きません。したがって、私たちの生活に太陽風は普段はほとんど影響を及ぼしません。

けれども太陽風は時おり爆発的に強まることがあります。すると地球はエネルギーの高い粒子を大量に浴び、様々な電磁気現象が生じます。オーロラが発生し、電波が乱れて通信障害が起き、人工衛星は不調になったり故障したりします。人工衛星を利用しているGPSや天気予報や通信など、様々な活動に支障をきたし、私たちの生活に多大な影響を与えます。

宇宙気象台ディスカバーは太陽活動を監視し、磁気嵐の発生を予告します。その目的のため、太陽風プラズマ検出器・磁気計PlasMagなど、宇宙空間の粒子を計測する機器を積んでいます。また、米国標準技術局ラジオメータNISTAR、地球カラー・カメラEPICなどの地球観測装置も搭載しています。

ディスカバーは太陽−地球系L_1のハロー軌道という特殊な軌道を持ちます。L_1は「ラグランジュ点1」を意味し、これは太陽と地球を結ぶ直線上にあるラグランジュ点の一つです（次ページPOINT!参照）。ハロー軌道はこの点を周回する軌道です。L_1（の近く）にある物体は、常に太陽と地球の間にいるという特徴があります。

この軌道のため、太陽から磁気嵐を起こす高エネルギー粒子の群れがやってくると、地球よりも15分～1時間前にディスカバーに到達します。この「地の利」を生かして、ディスカバーは地球の観測装置よりも早く磁気嵐の発生を検出し、地球に警告することができるのです。

磁気嵐の15分～1時間前にその発生を知ることができれば、警報を発し、影響を受ける電子機器を停止させるなど、被害を少なくすることができます。

L_1の利点は他にもあります。地球を周回する低軌道衛星は、太陽の連続観測が苦手です。地球を周回するにつれ、観測装置の視野を地球が周期的にさえぎり、太陽観測データは途切れてしまいます。けれどもL_1のディスカバーにはいつも日光が当たっています。地球に邪魔されず、連続して太陽観測が可能です。

ディスカバーから振り返って見ると、常に地球の昼の面が観測できます。L_1から夜の面は見えません。これを利用して、米国標準技術局ラジオメータNISTARは地球の昼の面がどれほどの放射を行なっているか測定します。(米国標準技術局〔NIST; National Institute of Standards and Technology〕は測定技術の研究などを行なう機関です。)

ディスカバーは元々1990年代に、NASAによって開発されましたが、予算不足で打ち上げられず、お蔵入りしていました。開発時の名前はトリアナ(Triana)といいました。

米国国家海洋大気局(NOAA; National Oceanic and Atmospheric Administration)と米国空軍はトリアナをお蔵から引っ張り出し、埃(ほこり)を払い、ディスカバーと改名し、2015年2月11日(協定世界時、以下同じ)に打ち上げました。ディスカバーは現在NOAAによって運用され、日々、宇宙天気予報を行なっています。

POINT!

ラグランジュ点

太陽を周回する地球のような、2個の天体からなる系に、3個目の天体を付け加えて適当な速度を与えると、3天体が互いの位置関係を保ったまま軌道を描き続ける場合があります。3個目の天体を付け加えることのできる特別な位置は、図のように5点だけ存在します。これらの点を数学者ジョゼフ＝ルイ・ラグランジュ（1736−1813）にちなんで「ラグランジュ点」と呼び、L_1 ～ L_5のように番号をつけて表わします。

3天体が正三角形をなすL_4とL_5は安定です。つまり、3番目の天体が何らかの原因でラグランジュ点から少々ずれても、元に戻るように重力が働きます。

一方、3天体が直線をなすL_1 ～ L_3は不安定で、3番目の天体が少々ずれると、どんどんずれが大きくなるように重力が働きます。

なお、L_1 ～ L_3を見出したのはラグランジュではなくレオンハルト・オイラー（1707−1783）ですが、なぜかラグランジュ点と呼ばれます。

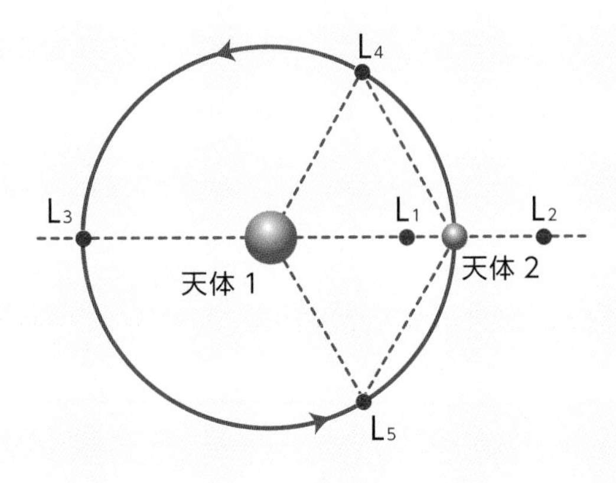

太陽観測ミッション

紫外線カメラで太陽観測

接触領域分光撮像機 アイリス

IRIS; Interface Region Imaging Spectrograph

太陽の光球とコロナの接触領域を観測

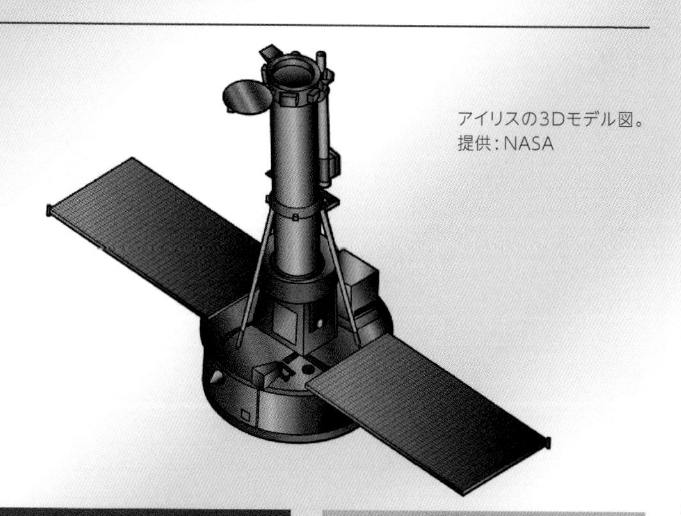

アイリスの3Dモデル図。
提供：NASA

主目的

太陽コロナの加熱機構の謎を探る

打ち上げ／稼働

2013/06/28 02：27（協定世界時）。
2020年現在、運用中。太陽同期軌道。

開発国、組織

アメリカ

観測装置／観測手法

19cm紫外線望遠鏡
(19-cm UV Telescope)

分光器(SG; Spectrograph)

スリット・ジョー撮像装置
(SJI; Slit-Jaw Imager)

太陽のまばゆく輝く球体の部分を「光球」と呼びます。日食の際、月が光球を覆い隠すと、その外側に広く薄く宇宙空間に伸びる「コロナ」が見えます。普段、コロナは目に見えません。

コロナは温度が10^6K、すなわち100万Kほどの超高温のプラズマです。プラズマというのは、（温度が高すぎて）原子から電子が外れ、電子とイオンからなるガスです。太陽コロナの主成分は電子と水素イオン（陽子）ですが、もっと重い原子のイオンも混じっています。

太陽から放出される陽子、中性子、ヘリウム原子核、その他重元素のイオンは、コロナを構成し、太陽風となり、時には大規模な太陽嵐の原因になります。これらの見かけのちがう物理現象には、共通の生成機構があると考えられます。ディスカバー、アイリス、これから紹介するPSPなどの探査機は、ステレオA、ひのでなどとは異なる観測手法や観測対象をとりながら、この共通の物理機構を研究しているといえます。

コロナはなぜ10^6Kもの超高温を維持できるのでしょうか。光球が温めていることは間違いないですが、しかし光球の温度はたったの6000Kです。どうやってコロナを10^6Kにまで加熱できるのでしょうか。この謎は太陽物理学における重要な未解決問題です。

この謎を解くには、光球とコロナの「接触領域」を観測する必要があります。**接触領域は、光球の周囲の「彩層（さいそう）」と呼ばれる層と、彩層とコロナの間の「遷移層（せんいそう）」からなります。**この接触領域で働く何らかの機構が、コロナにエネルギーを打ち込んで加熱し、同時にプラズマの材料であるガスを供給していると考えられています。

接触領域分光撮像機アイリスの使命は太陽コロナの加熱機構の謎を探ることです。光球とコロナの接触領域を分光撮像し、エネルギーや物質の移動を観測します。

アイリスは口径19 cmの紫外線望遠鏡を備え、分光器SGによる分光観測とスリット・ジョー撮像装置SJIによる分光撮像を同時に行ないます。プラズマ中のイオンは特徴的な波長の紫外線を放射します。この紫外線を観測することによって、太陽のプラズマの温度や分布や速度や密度を知ることができます。

アイリスはNASAとロッキード・マーティン太陽・天体物理学研究所が中心となって開発し、運用中です。

ロッキード・マーティンは航空機や宇宙機を製造しているアメリカの企業で、太陽・天体物理学研究所はその基礎研究部門です。日本が1991年に打ち上げた太陽X線観測衛星「ようこう」の軟X線望遠鏡や、2006年に打ち上げた「ひので」(p.22) の可視光・磁場望遠鏡の焦点面検出装置もこの研究所が製作しました。

POINT!

太陽同期軌道

アイリスは「太陽同期軌道」という軌道を巡っています。

日光の当たっている地球の昼の半球と、日陰になっている夜の半球の境界は、地球を1周する大円です。図のように、この境界の上空を飛んで地球を周回するのが太陽同期軌道です。

地球が太陽を公転するにつれて、昼と夜の境界の大円は回転していきます。太陽同期軌道もこれに合わせて回転し、1年で元に戻ります。

理想的な太陽同期軌道を巡る衛星には常に日光が当たり、太陽を連続して観測できます。アイリスの場合、打ち上げ直後の軌道では、1年間のうち2月初めから10月末まで、9カ月間の連続観測が可能でした。

アイリスの他、ひので（p.22）、ネオワイズ（p.208）、それから火星を周回する2001マーズ・オデッセイ（p.70）などは、太陽同期軌道を利用しています。

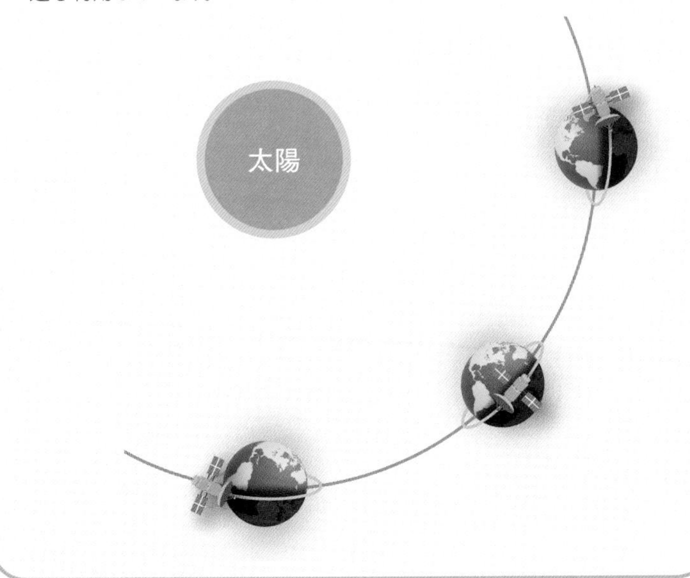

太陽観測ミッション

太陽に最接近

パーカー太陽探査機 PSP

PSP; Parker Solar Probe

初めて太陽コロナの中を通過する探査機

打ち上げ前の名称：Solar Probe、Solar Probe Plus

移送台の上のPSP。
撮影：2018年4月4日、アストロテック社の施設にて。提供：NASA/Leif Heimbold

主目的

太陽から放射される高エネルギー粒子を測定

打ち上げ／稼働

2018/08/12 07:31（協定世界時）。
2020年現在、太陽周回軌道。

開発国、組織

アメリカ

観測装置／観測手法

低エネルギー粒子観測装置
(EPI-Lo; Energetic Particle Instruments Lower)
高エネルギー粒子観測装置
(EPI-Hi; Energetic Particle Instruments Higher)

パーカー太陽探査機PSPは2018年8月12日7時31分（協定世界時）に打ち上げられ、太陽を周回する人工惑星になりました。太陽周回軌道に入ってからも、何年もかけて軌道を修正し、徐々に「近日点」を太陽に近づけます。近日点とは、太陽を周回する楕円軌道上で、最も太陽に近づく点です。軌道を修正するには、金星の近くを通過して金星の重力を利用する「スウィング・バイ」航法を用います。

その結果、2024年には、PSPの近日点は太陽中心から7×10^9m、つまり700万kmにまで接近します。これは太陽の半径の約10倍に相当します。**PSPは初めて太陽コロナの中を通過する探査機になります。**

太陽の熱放射から機器を防御するため、PSPは厚さ11.43 cmの炭素製の盾を備えます。この盾は1650 K、すなわち1377℃の高温から機器を守ります。

PSPはNASAによって開発されました。打ち上げ前の計画段階では太陽探査機Solar Probeと呼ばれ、後に太陽探査機プラスSolar Probe Plusと改名され、さらに太陽物理学の研究者ユージン・パーカー（1927－）にちなんで現在の名称パーカー太陽探査機Parker Solar Probeになりました。

PSPの主要な観測対象は、太陽から放射される高エネルギー粒子です。

低エネルギー粒子観測装置EPI－Loと高エネルギー粒子観測装置EPI－Hiは、装置に飛び込んだ粒子を捉え、粒子の種類やエネルギーや飛来方向を決定します。

太陽を立体的に観測

太陽－地球系観測機 ステレオ A

STEREO; Solar TErrestrial RElations Observatory

2機で一組の特殊なミッション。ステレオAはそのうちの1機

ステレオAとステレオB。撮影：2006年5月5日、アストロテック社施設にて。提供：NASA/Jim Grossmann

主目的

コロナ質量放出を立体的に調べる

打ち上げ／稼働

2006/10/26 00:52（協定世界時）。太陽周回軌道。2020年現在、STEREO-Aのみ運用中。STEREO-Bは通信途絶。

開発国、組織

アメリカ、フランス（S/WAVES）

観測装置／観測手法

太陽-地球系コロナ・太陽圏研究装置
(SECCHI; Sun Earth Connection Coronal and Heliospheric Investigation)

スウェーヴズ(S/WAVES; STEREO WAVES)

粒子およびCME遷移測定装置
(IMPACT; In-Situ Measurements of Particles and CME Transients)

プラズマおよび超熱的イオン成分分析器
(PLASTIC; Plasma and Suprathermal Ion Composition)

太陽から粒子が大量に放出される「コロナ質量放出（CME; Coronal Mass Ejection）」が起きると、粒子は宇宙空間に広がっていき、行く手に地球があれば太陽嵐を引き起こします。

太陽−地球系観測機ステレオAとステレオBは、2機で一組の特殊なミッションです。**CMEなどの太陽から地球へのエネルギーと粒子の流れを立体的に捉えるため、これを2箇所から同時に観測します。**2機は太陽を周回する人工惑星ですが、ステレオAの軌道周期は地球よりも短い346日、ステレオBは地球よりも長い388日です。1年のほとんどの期間、ステレオAとステレオBは互いに遠く離れた場所から、太陽とCMEを観測します。

ステレオAとステレオBにはほとんど同じ装置が搭載されています。米国海軍研究所の製作した太陽−地球系コロナ・太陽圏研究装置SECCHIは、紫外線カメラで太陽とコロナを撮像します。フランス国立科学研究センターとNASAゴダード宇宙飛行センターが共同開発したS/WAVESは、電波観測によって、CMEの発生から地球への影響までを追います。カリフォルニア大学の粒子およびCME遷移測定装置IMPACTは、粒子検出器と磁場の測定器です。ニュー・ハンプシャー大学のプラズマおよび超熱的イオン成分分析器PLASTICは太陽から放出されたイオン（荷電粒子）のエネルギーと種類を調べます。

ステレオAとBは2006年10月26日（協定世界時）に打ち上げられ、想定を超える期間にわたって観測を行ないました。2014年10月1日、ステレオBが通信途絶し、2020年現在運用可能なのはステレオAのみです。

太陽観測ミッション

太陽磁場を解明

太陽観測衛星ひので
Hinode

太陽黒点の3次元的な磁場構造と速度場構造を明らかに

打ち上げ前の名称：SOLAR-B

ひのでCG。
提供：国立天文台/JAXA

主目的

太陽表面を望遠鏡で観察し、エネルギーの流れを解明

打ち上げ／稼働

2006/09/22 21:36（協定世界時）。
2020年現在、運用中。太陽同期軌道。

開発国、組織

日本、アメリカ、UK

観測装置／観測手法

可視光・磁場望遠鏡
(SOT; Solar Optical Telescope)
極端紫外線撮像分光装置
(EIS; EUV Imaging Spectrometer)
X線望遠鏡
(XRT; X-ray Telescope)

日本の太陽観測衛星ひのでは、別の太陽観測衛星ようこうの後継機として2006年9月22日（協定世界時）に打ち上げられました。以来、観測を続け、2020年現在も運用中です。軌道は太陽同期軌道（p.17参照）で、太陽を24時間以上連続して観測することができます。

ひのでは太陽表面を観測し、特に黒点の磁場が太陽大気に及ぼす影響の解明に貢献しています。可視光・磁場望遠鏡SOTは磁場の観測、極端紫外線撮像分光装置EISとX線望遠鏡XRTは太陽大気の変化を観測します。

太陽の活動には黒点が重要な役割を果たしています。黒点は巨大な磁極、つまり磁石の極です。地球の場合、磁石の極は南極と北極に位置しますが、太陽の磁場は地球より複雑で、表面にぽつぽつ散在する磁極は黒点として見えます。

黒点では強い磁場がプラズマを高温に加熱し、また加熱されたプラズマが飛び散らないように閉じ込めたり、時には高速で噴射したり、その動きを制御しています。太陽から流れ出る高温のコロナ、大規模で突発的なコロナ質量放出、高温プラズマが一気に解き放たれる太陽フレアといった、太陽の高エネルギー現象は、黒点の磁場が何らかの形で引き起こしていると考えられます。

黒点の、太陽表面に対して垂直な方向の構造を調べるには、太陽の縁にある黒点を「横から」観測することが必要です。ひのでは高い分解能を持つ望遠鏡により、太陽の縁にある黒点を子細に観測することができます。ひのではこれまでに、太陽黒点の3次元的な磁場構造と速度場構造を明らかにする成果を上げています。

太陽観測ミッション

太陽風と宇宙線を分析

先進成分探査機エース

ACE; Advanced Composition Explorer

宇宙線の元素組成、同位体組成、イオン組成などを分析

ACEの想像図。提供：NASA

主目的

太陽や天の川銀河内で生成・加速される宇宙線の組成を分析

打ち上げ／稼働

1997/08/25 14:39（協定世界時）。
2020年現在、運用中。太陽-地球系L_1のハロー軌道。

開発国、組織

アメリカ

観測装置／観測手法

宇宙線同位体分析器
(CRIS; Cosmic Ray Isotope Spectrometer)

超低エネルギー同位体分析器
(ULEISP; Ultra Low Energy Isotope Spectrometer)

太陽風質量分析器
(SWIMS; Solar Wind Ions Mass Spectrometer)

電子・陽子・アルファ粒子モニタ
(EPAM; Electron, Proton, and Alpha Monitor)

磁気計 (MAG; Magnetometer)

太陽同位体分析器
(SIS; Solar Isotope Spectrometer)

高エネルギー荷電粒子分析器
(SEPICA; Solar Energetic Particle Ionic Charge Analyzer)

太陽風イオン組成分析器
(SWICS; Solar Wind Ion Composition Spectrometer)

太陽風電子・陽子・アルファ粒子モニタ (SWEPAM; Solar Wind Electron, Proton, Alpha Monitor)

**宙空間に飛び交う粒子を「宇宙線」といいます。電子、陽子、イオン、原子核など、様々な粒子が様々な天体から飛来しています。**これまで太陽風と呼んできた、太陽から飛来する粒子もまた、宇宙線の仲間です。天の川銀河のどこからか飛んでくる宇宙線もあって、その起源や生成機構は、宇宙物理学の重要な研究課題です。

原子から電子が取れたものを「陽イオン」、逆に原子に余計な電子がくっついたものを「陰イオン」といいます。原子から電子を取っていくと、最後にむき出しの原子核が残ります。

陽子は水素原子から電子が取れたものといえるので、水素イオンでもあり、水素の原子核ともいえます。

宇宙空間には様々な元素のイオンや原子核が浮いています。また、原子からこぼれた電子も浮いています。そうした粒子が、光速に匹敵する速度まで、何らかの物理現象によって加速されたのが宇宙線です。

エースは宇宙線を観測し、その起源と生成機構を調べるための探査機です。9台もの観測装置を積み、宇宙線の元素組成、同位体組成、イオン組成などを分析します。

1997年8月25日（協定世界時）に打ち上げられ、ディスカバーなどと同じく、太陽–地球系のL_1のハロー軌道に投入されました。2020年現在、運用中です。

太陽観測ミッション

太陽の「地下」から外層までを観測

太陽・太陽圏天文台 ソーホー

SOHO; SOlar and Heliospheric Observatory

通信途絶から復活

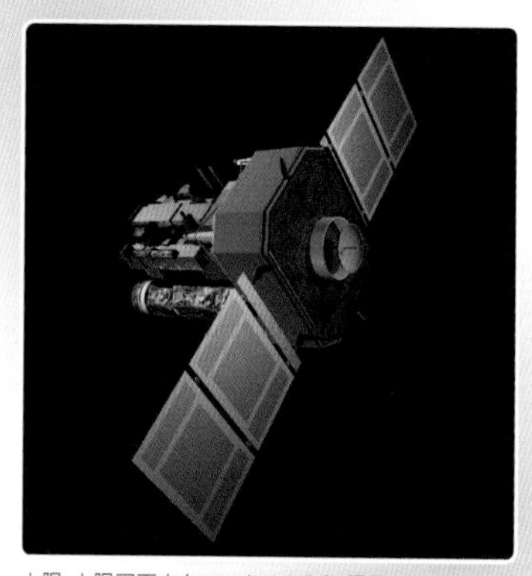

太陽・太陽圏天文台ソーホーのCG。提供：ESA/NASA

主目的

太陽の内部構造と大気、太陽風の起源について調べる

打ち上げ／稼働

1995/12/02 08:08（協定世界時）。
2020年現在、運用中。太陽-地球系L_1のハロー軌道。

開発国、組織

米、ESA（UK、独、仏、フィンランド、スイス等）

観測装置／観測手法

コロナ診断分光器
（CDS; Coronal Diagnostic Spectrometer）

電荷・元素・同位体分析システム
（CELIAS; Charge, Element, and Isotope Analysis System）

超熱的・高エネルギー粒子総合分析器
（COSTEP; Comprehensive Suprathermal and Energetic Particle Analyzer）

極端紫外線撮像望遠鏡
（EIT; Extreme Ultraviolet Imaging Telescope）

高エネルギー・相対論的原子核・電子実験装置
（ERNE; Energetic and Relativistic Nuclei and Electron Experiment）

大局低周波振動計
（GOLF; Global Oscillations at Low Frequencies）

広視野分光コロナグラフ
（LASCO; Large Angle and Spectrometric Coronagraph）

マイケルソン・ドップラー撮像装置/太陽振動観測装置
（MDI/SOI; Michelson Doppler Imager/Solar Oscillations Investigation）

太陽紫外線放射計
（SUMER; Solar Ultraviolet Measurements of Emitted Radiation）

太陽風非等方性観測装置
（SWAN; Solar Wind Anisotropies）

紫外線分光コロナグラフ
（UVCS; Ultraviolet Coronagraph Spectrometer）

太陽放射変動・重力波観測装置
（VIRGO; Variability of Solar Irradiance and Gravity Oscillations）

太陽・太陽圏天文台ソーホーは、太陽の内部構造と大気、太陽風の起源について調べることを主目的に、ヨーロッパ宇宙機関（ESA）とアメリカの協力で製作されました。1995年12月2日（協定世界時）に打ち上げられ、ディスカバーやエースと同じく太陽−地球系L_1のハロー軌道に投入されました。

ソーホーには12台もの観測機器が搭載され、**太陽の対流層（乱流のある外層）を初めて撮像し、黒点の下部構造、つまり「地下」を観測しました。**太陽の監視に加え、ソーホーは大量の彗星を発見するという成果を上げました。

1998年6月25日、ソーホーは姿勢制御に失敗し、常に太陽に向けているはずの太陽電池と観測機器があらぬ方を向いてしまいました。太陽電池が発電できないため電力も失い、通信も途絶しました。

地上の運用チームは、状況を分析し、回復プランを準備しました。

ソーホーは太陽を周回しているため、8月になると太陽の方向が変わり、太陽電池に日光が徐々に当たるようになりました。通信が再開できたので、地上からコマンドを送信し、姿勢制御装置に電源を入れ、1998年9月25日には姿勢制御を復活させることに成功しました。

電力が失われていた3カ月以上の間、装置は−120℃から＋100℃まで変化する過酷な状態に放置されていましたが、厳しい条件に耐えるように設計されていた観測機器は無事でした。

ソーホーは2020年現在も運用中です。

25年以上の太陽風観測

ウィンド
Wind

ガンマ線バーストの監視装置も搭載

撮影：1994年9月13日。提供：NASA

主目的

太陽風の観測

打ち上げ／稼働

1994/11/01 09:31（協定世界時）。2020年現在、運用中。太陽-地球系L_1のハロー軌道。

開発国、組織

アメリカ、ESA、ロシア(KONUS)

観測装置／観測手法

磁場観測装置
(MFI; Magnetic Field Investigation)

太陽風実験装置
(SWE; Solar Wind Experiment)

3Dプラズマ分析器
(3DP; 3D Plasma Analyzer)

超熱的粒子データ観測装置
(SMS; Suprathermal Particle Data)

高エネルギー粒子加速・組成・輸送観測装置
(EPACT; Energetic Particles: Acceleration, Composition and Transport)

ウェーブス(WAVES)

コーナス(KONUS)

突発ガンマ線分光計
(TGRS; Transient Gamma-ray Spectrometer)

**ィンドは、アメリカNASAの大局地球宇宙科学プログラムの一環として、太陽風などを観測するために製作されました。**1994年11月1日（協定世界時）に打ち上げられ、25年以上の長期間にわたって活動を続けている長寿の宇宙機です。

地球を周回して観測を行なった後、月の重力を利用してスウィング・バイを行ない、太陽−地球系L_1（を周回するハロー軌道）に乗りました。

電波・プラズマ波観測装置ウェーブスWAVESと磁場観測装置MFIは電磁場の観測を行ないます。

ファラデー・カップと電子データ収集装置からなる太陽風実験装置SWE、3Dプラズマ分析器3DP、高エネルギー粒子加速・組成・輸送観測装置EPACT、超熱的粒子データ観測装置SMSは、太陽風を構成する高エネルギー粒子の組成、エネルギー、質量を測定します。SMSは超熱的イオン組成分析器STICS（Suprathermal Ion Composition Spectrometer）、高分解能質量分析器MASS（High Resolution Mass Spectrometer）、太陽風イオン組成分析器SWICS（Solar Wind Ion Composition Spectrometer）の3個の部分からなります。

また太陽風の観測装置に加え、**ガンマ線バーストを監視するための装置コーナスKONUSと突発ガンマ線分光計TGRSを搭載しています。**コーナスは初めてアメリカの宇宙機に搭載されたロシア製の観測装置です。（ガンマ線バーストについては「ニール・ゲーレルズ・スウィフト天文台」の項（p.163）で解説します。）

太陽観測ミッション

国際宇宙ステーション上で太陽放射を測定

太陽放射総量・分光計 TSIS

TSIS; Total and Spectral solar Irradiance Sensor

太陽の長期的活動を調べる

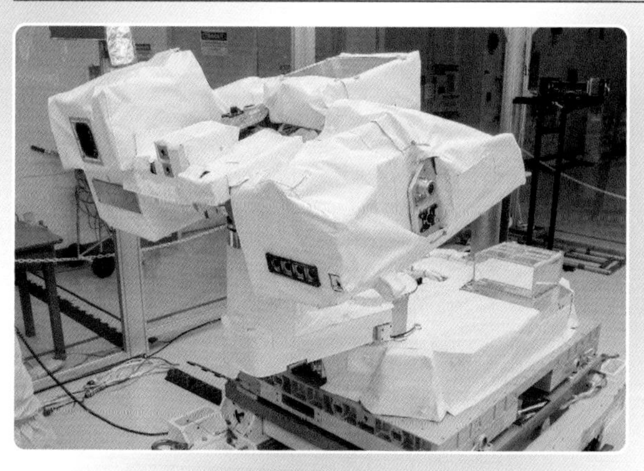

尖ったところがないかどうか検査を受けるTSIS。
撮影：2017年9月28日。
提供：NASA

主目的

太陽放射の総量測定と分光測定

打ち上げ／稼働

2017/12/15 15:36（協定世界時）。2020年現在、運用中。国際宇宙ステーションに搭載。

開発国、組織

アメリカ

観測装置／観測手法

放射総量モニタ
(TIM; Total Irradiance Monitor)
放射分光モニタ
(SIM; Spectral Irradiance Monitor)

地球の気候変動を予測するには、太陽の日射量を正確に、長期間にわたって測定する必要があります。**太陽からの熱は地球の気候を支配し、太陽放射の変動は気候を変動させる要因の一つ**だからです。

太陽放射総量・分光計TSISは、太陽の放射エネルギーの総量測定と分光測定を行ないます。分光測定とは、各波長における放射エネルギーの測定です。

放射総量モニタTIMは、太陽放射を大気圏の外で測定します。放射分光モニタSIMは波長200 nm ～ 2400 nmの範囲の太陽放射を分光測定します。太陽放射の総量の96%がこの範囲に含まれます。

TSISは、同じタイプの測定装置が複数台製作されて打ち上げられていますが、ここで取り上げるのは、国際宇宙ステーション（ISS; International Space Station）に取りつけられている1台です。TSISはこれまでに紹介した他の観測機とちがい、単独の人工衛星ではありません。ISSから供給される電力を用い、測定データの送信や運用コマンドの受信はISSの通信機能を介して行ないます。

TSISは2017年12月15日（協定世界時）に打ち上げられてISSに届けられ、2018年3月に稼働を開始し、2020年現在も測定を続けています。ISSクルーによる操作は必要としません。（クルーの観測装置に関わる作業は、取りつけなどに限定されます。故障しても、クルーが修理やメンテナンスなどを行なうことは、通常はありません。）

太陽観測ミッション

太陽大気を多波長・高時間分解能・高空間分解能で観測

太陽動力学天文台 SDO

SDO; Solar Dynamics Observatory

画像データを高速、ほぼリアルタイムで地上に送信

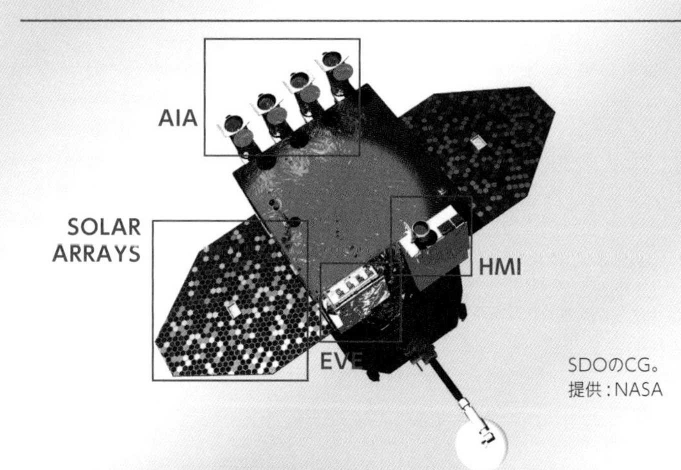

SDOのCG。
提供：NASA

主目的

太陽が地球や地球近傍の空間に及ぼす影響を調べる

打ち上げ／稼働

2010/02/11 15:23（協定世界時）。2020年現在、運用中。西経102°の静止軌道。

開発国、組織

アメリカ

観測装置／観測手法

大気撮像装置セット
(AIA; Atmospheric Imaging Assembly)
極端紫外線変動実験装置
(EVE; EUV Variability Experiment)
太陽震・磁場撮像装置
(HMI; Helioseismic and Magnetic Imager)

**陽動力学天文台SDOは、太陽活動と、それが地球近傍の宇宙空間に及ぼす影響（宇宙天気）を研究するための宇宙機です。**太陽内部の物理量、磁場、コロナの高温プラズマ、惑星の大気をイオン化する放射を測定します。

大気撮像装置セットAIAは10の異なる波長で太陽大気を10秒ごとに撮像します。

極端紫外線変動実験装置EVEは太陽の極端紫外光放射を高い波長分解能と時間分解能で測定します。

太陽震・磁場撮像装置HMIはソーホーのマイケルソン・ドップラー撮像装置／太陽振動観測装置の高性能版で、太陽の振動（太陽震）を測定します。

静止軌道、または地球同期軌道とは、地球の自転周期と同じ周期で地球を周回する衛星軌道で、高度は約36000kmです。大雑把にいって、地上から見て天の一点にほぼ静止しているように見えるので、静止衛星とも呼ばれます。ただし、軌道傾斜角や離心率などの値によっては、単純に静止しているようには見えない衛星もあります。

静止衛星の利点の一つは通信状態です。地上のアンテナから見て、衛星が地平線の下に没することがないため、常に通信可能です。このため、通信衛星、位置決定システム衛星などには静止軌道を利用するものが多くあります。

SDOは静止軌道の利点を生かし、130 Mbit/sの高速通信を行なっています。画像データを高速、ほぼリアルタイムで地上に送信しています。

月の放射線環境を計測

月偵察周回機 LRO

LRO; Lunar Reconnaissance Orbiter

将来の有人月探査への影響を調べる

LROを立てる作業。撮影：2009年3月17日、Kim Shiflett。提供：NASA

主目的

月面精密地図の作製

打ち上げ／稼働

2009/06/18 21：32（協定世界時）。2020年現在、運用中。月周回軌道。

開発国、組織

アメリカ、ロシア（LEND）

観測装置／観測手法

放射線調査用宇宙線望遠鏡
(CRaTER; Cosmic Ray Telescope for the Effects of Radiation)

デヴァイナー月放射計
(DLRE; Diviner Lunar Radiometer Experiment)

ライマン・アルファ・マッピング・プロジェクト
(LAMP; Lyman-Alpha Mapping Project)

月探査中性子検出器
(LEND; Lunar Exploration Neutron Detector)

LROレーザー高度計
(LOLA; Lunar Orbiter Laser Altimeter)

LROカメラ
(LROC; Lunar Reconnaissance Orbiter Camera)

ミニ電波計(Mini-RF; Miniature Radio Frequency)

月は言わずと知れた地球の衛星で、地球の次に詳細に調べられている天体です。**赤道半径1738km、軌道長半径384400km、軌道周期27.3日、今のところ唯一、有人探査機が降り立った地球外天体です。**

しかし1972年のアポロ17号を最後に、それ以来有人探査は行なわれていません。これから紹介するいくつかの現在運用中の月探査機も無人機です。

月偵察周回機、略称LROは、月を周回し、その表面の96%を様々な観測装置で撮影しました。2009年6月18日に打ち上げられ、月周回軌道に乗りました。(このとき、同じロケットによって月クレーター観測・測定衛星エルクロス〔LCROSS; Lunar Crater Observation and Sensing Satellite〕も打ち上げられました。)

「オービター Orbiter」は重力にしたがって天体を周回する物体(宇宙機)です。地球を周回するオービターは衛星ですが、月(衛星)のオービターはうまい訳語が見つかりません。

LROに搭載された放射線調査用宇宙線望遠鏡CRaTERは太陽や天の川銀河から来る宇宙線を測定します。

太陽由来の宇宙線については何度か説明しましたが、天の川銀河からも宇宙線が飛来しています。何らかの天体現象によって電子や陽子やイオンなどが加速され、高エネルギー粒子として飛来すると考えられています。

地球の場合、それら宇宙線は地磁気や大気によって阻(はば)まれ、地表での放射線強度は低くなりますが、地磁気も大気もない月では放射線が月面の人体に影響を及ぼす強度となる可能性があります。

CRaTERは月の放射線環境を計測し、将来の有人月探査への影響を調べる目的を持ちます。

ライマン・アルファ・マッピング・プロジェクトLAMPの目的の一つは、月面に水を見つけることです。ライマン・アルファ線とは、水素原子から放射される特殊な波長の光です。月面から放射されるライマン・アルファ線の強度マップを作製し、極地方に存在する可能性のある水を探しました。

月探査中性子検出器LENDはロシア製の中性子検出器です。中性子は原子核を構成する粒子の一種で、何らかの原子核反応によって生成されたり放出されたりします。LENDは、宇宙線が月の土壌に反応して生じた中性子に基づいて土壌の成分を調べます。

LROレーザー高度計LOLAは、月面にレーザーを当て、反射によって地形を計測し、月面の精密な地図を作製します。

LROカメラLROCは月面を1mの位置分解能で撮影します。

ミニ電波計Mini－RFはレーダーで測量を行ないます。

LROはすでにLOLAを用いる精密地図作製という主目的を達成し、現在は延長運用を行なっています。

POINT!

アポロ計画

アポロ計画は半世紀前にアメリカが行なった空前絶後の月探査有人ミッションです。1969年7月21日2時56分15秒（協定世界時）、アポロ11号によって月に到達した（3人のうち2人の）宇宙飛行士が月面に降り立ち、異星を訪問した最初の人類となりました。この様子はテレビでライブ放送され、数億人が見守りました。

以後1972年12月のアポロ17号まで、月着陸は合計6回行なわれ、12人の宇宙飛行士が月面を歩き、ローバー（月面車）を運転し、実験装置を設置し、400 kg近い月の岩石を持ち帰りました。（アポロ13号は月に向かう途中で酸素タンクが爆発する事故が生じ、着陸はできませんでしたが、奇跡的に生還しました。）

この偉業により、NASAの名は世界にとどろき、人々は宇宙の開拓時代が始まったものと信じました。（けれども、その後月への再訪は実現していません。）

地球から月に調査対象を変更

月・太陽間相互作用加速・リコネクション・乱流・電気力学観測機アルテミス P1/P2

ARTEMIS-P1/P2; Acceleration, Reconnection, Turbulence and Electrodynamics of the Moon's Interaction with the Sun

月が太陽風をさえぎり、宇宙空間に「航跡」を描く様子を観測

旧名称：テミス（THEMIS; Time History of Events and Macroscale Interactions during Substorms）

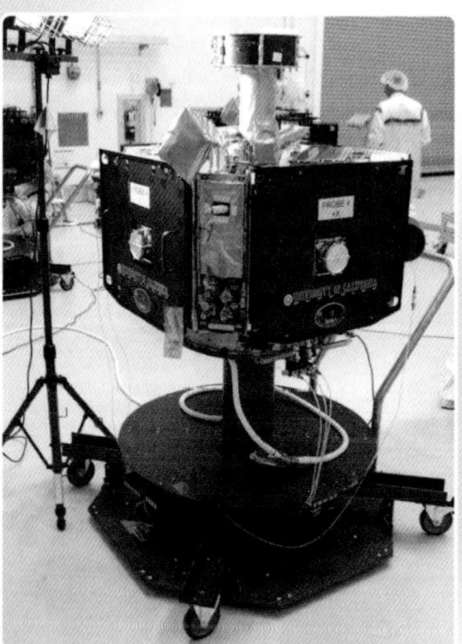

打ち上げ前の5機のテミスのうちの1機。打ち上げ後、テミスの2機はアルテミスP1とP2に転用された。
撮影：2007年1月8日。提供：NASA

主目的

月の磁気的影響を調査

打ち上げ／稼働

2007/02/17 23:01（協定世界時）。2020年現在、運用中。月周回軌道。

開発国、組織

アメリカ

観測装置／観測手法

電場計
(EFI; Electric Field Instrument)

フラックスゲート磁力計
(FGM; Fluxgate Magnetometer)

探りコイル磁力計
(SCM; Search Coil Magnetometer)

静電分析器
(ESA; Electrostatic Analyzer)

半導体素子望遠鏡
(SST; Solid State Telescope)

2007年2月17日（協定世界時）、5機の観測機が打ち上げられ、約4日で地球を周回する楕円軌道に乗りました。極磁気嵐の巨大スケール相互作用を監視する観測機テミスTHEMISです。

極磁気嵐とは、地球の磁気圏で時おり発生する磁気嵐です。太陽嵐が太陽の磁気のエネルギーで発生するのに対し、極磁気嵐は地磁気がエネルギー源です。（地球観測機のテミスについては、本書では詳しく取り扱いません。）

2011年、**テミスのうち2機が月の磁気的影響を調べるミッションに使われることになりました。2機は軌道を変更し、月の周辺に移動し、アルテミスP1とアルテミスP2と名前を変えられました。**「アルテミスARTEMIS」は「月・太陽間相互作用加速・リコネクション・乱流・電気力学観測機Acceleration, Reconnection, Turbulence and Electrodynamics of the Moon's Interaction with the Sun」の略です。（よくこのような語呂合わせを考えつくものです。）

人工衛星の運用において、軌道が変更されることは滅多にありません。ほとんどの人工衛星は軌道を変更する機能を備えていません。

しかしアルテミスは軌道を変更する推進装置を備え、地球周回軌道から、月周回軌道に移行することができました。このような運用を行なった人工衛星はアルテミスが初めてです。

中国の月探査計画の4番目のミッション

月探査機嫦娥(ジョウガ)四号

Chang'e 4

月の裏側のフォン・カルマン・クレーターに着陸

月面の嫦娥四号。玉兎二号による撮影。
提供：国家航天局/百度百科

主目的

月の裏側への着陸、自走車(ローバー)を用いる調査

打ち上げ/稼働

2018/12/07 18:23(協定世界時)。
2020年現在、運用中。

開発国、組織

中国

観測装置/観測手法

着陸カメラ(LCAM; Landing Camera)
地勢カメラ(TCAM; Terrain Camera)
低周波分析器(LFS; Low Frequency Spectrometer)
月面中性子計・線量計
(LND; Lunar Lander Neutrons and Dosimetry)
生物圏(Lunar Biosphere Experiment)
玉兎(イートゥー)二号
- パノラマ・カメラ(PCAM; Panoramic Camera)
- 月地中レーダー(LPR; Lunar Penetrating Radar)
- 可視光・近赤外撮像分光器 (VNIS; Visible and Near-Infrared Imaging Spectrometer)
- 中性原子先進小型分析器 (ASAN; Advanced Small Analyzer for Neutrals)

嫦娥四号は中国の月探査計画の4番目のミッションです。

これまでの成果を簡単に紹介すると、嫦娥一号は2007年10月24日（協定世界時）に打ち上げられ、2007年11月7日に月周回軌道に入りました。1年以上にわたって月表面の探査を行ない、2009年3月1日に月の地表に衝突して探査ミッションを完了しました。

嫦娥二号は2010年10月1日に打ち上げられ、2010年10月6日に月を周回する軌道に入りました。月面を走査し、画素サイズ7mの月面地図を作製しました。2011年4月1日には月探査ミッションを終了しましたが、延長ミッションとして、月周回軌道を離れて、太陽−地球系ラグランジュ点L_2を経て、小惑星トータチス（1989AC）の探査を行ないました。

嫦娥三号は2013年12月1日に打ち上げられ、月の表側に着陸し、自走機（ローバー）「玉兔」を用いて探査を行ないました。

嫦娥四号は2018年12月7日18時23分に打ち上げられ、2019年1月3日2時26分に**月の裏側のフォン・カルマン・クレーターに着陸しました。月の裏側に着陸した探査機は嫦娥四号が初です。**

嫦娥四号に先だって、中継衛星「鹊桥（鵲橋）」が打ち上げられ、地球−月系L_2を周回するハロー軌道に投入されました。月の裏側にいる嫦娥四号と地球は直接の電波通信ができませんが、鹊桥は月の裏側からも地球からも通信できる位置にいるので、鹊桥が中継することによって嫦娥四号と地球基地局の間の通信が可能になります。本稿執筆時点で嫦娥四号と玉兔二号の探査は進行中で、その観測結果は蓄積されている最中です。

水星探査ミッション

2機の探査機で水星の起源を探る

国際水星探査計画 ベピコロンボ

BepiColombo

7年かけて水星に「到着」する予定

ベピコロンボの分解図。下から電気推進モジュール、MPO、太陽光シールドと接続部、みお。提供：ESA(CC BY-SA 3.0 IGO)

主目的

融けた金属核の謎を探る

打ち上げ／稼働

2018/10/20 01:45 (協定世界時)。2020年現在、運用中。水星へ向けて移動中。2025年に水星周回軌道に乗る予定。

開発国、組織

日本、ESA

観測装置／観測手法

水星磁気圏探査機みお
(MMO; Mercury Magnetospheric Orbiter)

- プラズマ・粒子観測装置
  (MPPE; Mercury Plasma Particle Experiment)
- 磁力計(MGF; Magnetic Field Investigation)
- プラズマ波動・電場観測装置
  (PWI; Plasma Wave Investigation)
- ダスト計測器
  (MDM; Mercury Dust Monitor)
- ナトリウム大気カメラ
  (MSASI; Mercury Sodium Atmosphere Spectral Imager)

水星表面探査機(MPO; Mercury Planetary Orbiter)

- レーザー高度計
  (BELA; BepiColombo Laser Altimeter)
- Ka帯送信機
  (MORE; Mercury Orbiter Radio Science Experiment)
- 加速度計(ISA; Italian Spring Accelerometer)
- 磁力計(MPO-MAG; Magnetic Field Investigation)
- 赤外線分光撮像器
  (MERTIS; Mercury Radiometer and Thermal Imaging Spectrometer)
- ガンマ線・中性子線検出器
  (MGNS; Mercury Gamma-ray and Neutron Spectrometer)
- 中性粒子・イオン観測装置
  (SERENA; Search for Exosphere Refilling and Emitted Neutral Abundances)
- 分光・撮像複合カメラ
  (SIMBIO-SYS; Spectrometers and Imagers for MPO BepiColombo Integrated Observatory)
- 太陽風モニタ
  (SIXS; Solar Intensity X-ray and Particle Spectrometer)
- X線分光器
  (MIXS; Mercury Imaging X-ray Spectrometer)
- 紫外線分光撮像器
  (PHEBUS; Probing of Hermean Exosphere by Ultraviolet Spectroscopy)

星は太陽に最も近い惑星で、その「軌道長半径」は地球の軌道長半径の0.3871倍です。

惑星は楕円軌道を描いて主星を周回しますが、その長い方の直径は「長軸」、長軸の半分は軌道長半径といいます。

地球の軌道長半径は149597870700m、すなわち約1億5000万kmです。天文学ではこれに「天文単位」という（妙な）名前をつけて、距離の単位に使います。地球の軌道長半径は1天文単位、水星の軌道長半径は0.3871天文単位というわけです。

水星の1昼夜は地球の175.94日です。地球の87.970日間続く水星の昼の間、地球の約7倍の明るさの太陽光によって地表は400℃以上に熱せられ、同じ時間続く夜の間には－200℃以下に冷えます。

少々ややこしいのですが、水星は1昼夜の間に宇宙に対して3回自転し、同時に太陽を2回周回します。水星の（対恒星）公転周期は地球の1日を単位として87.970日、（対恒星）自転周期は58.6462日です。

これらの比は3：2という整数比になっています。**公転周期や自転周期など、天体の何らかの周期がこういう整数比になる関係を「尽数関係」といいます。**

水星は何十億年も前にはもっと速く自転していたと考えられています。太陽の近くにある水星は、太陽の潮汐力という重力の効果で自転にブレーキがかけられ、現在の尽数関係にいたったのです。

水星の探査は過去に2回しか行なわれていません。1974年と

1975年に水星に接近した探査機マリナー10号（Mariner 10）と、2004年に打ち上げられ、2015年まで運用された水星地表・宇宙環境・惑星化学・レンジング観測機メッセンジャー（MESSENGER; MErcury Surface, Space ENvironment, GEochemistry and Ranging）です。いずれもアメリカの探査機ですが、水星周回軌道に投入されたのはメッセンジャーだけです。

日本とESAの国際水星探査計画ベピコロンボの探査機は2018年10月20日に打ち上げられました。ベピコロンボの名は水星の尽数関係を発見するなどの功績を上げたイタリアの天文学者ジュゼッペ・コロンボ（1920－1984）にちなみます。彼はベピコロンボという愛称で呼ばれていました。

ベピコロンボは7年かけて地球、金星、水星でスウィング・バイを繰り返して減速し、2025年に水星に「到着」する予定です。

これほど多数回のスウィング・バイが必要なのは、目的惑星が太陽に近いためです。地球から出発した宇宙機が水星軌道まで「降りて」行くと、坂道を自転車で降りるときのようにスピードがつき、ブレーキをしっかりかけて減速しないと水星を通りすぎてしまうのです。

ベピコロンボは2機の探査機を搭載しています。日本の水星磁気圏探査機「MMO」（Mercury Magnetospheric Orbiter）とヨーロッパ宇宙機関の水星表面探査機MPO（Mercury Planetary Orbiter）です。ベピコロンボが水星に到達すると、みおとMPOは離れて別々に水星を周回し、いよいよこの惑星の探査を開始します。

水星には弱いながら地磁気があります。これは水星内部が高温

で、融けた金属核があることを示します。水星のような小さな天体にどうして融けた金属核があるのかは分かっていません。**みおは水星の磁場・磁気圏を観測し、この謎を探ります。**

MPOは水星表面と内部を様々な観測装置で探ります。

46億年前、宇宙のガスや塵が集まって、太陽と惑星が誕生しました。そのとき**水星は現在よりももっと太陽から遠いところにあった可能性があります。**水星を構成する物質の種類は、水星が誕生したときの太陽からの距離によって決まります。**MPOが水星の表面と内部の物質を明らかにすれば、水星の起源について多くが分かるでしょう。**

金星探査ミッション

軌道投入失敗・放浪から復帰

金星探査機あかつき

Venus Climate Orbiter Akatsuki

「スーパーローテーション」のメカニズムを調べる

打ち上げ前の名称：PLANET-C

金星探査機あかつきのCGイラスト。提供：JAXA

主目的

金星大気の調査研究

打ち上げ／稼働

2010/05/20/21:58（協定世界時）。2020年現在、運用中。金星周回軌道。

開発国、組織

日本

観測装置／観測手法

紫外イメージャ(UVI; Ultraviolet Imager)
1μmカメラ(IR1; 1μm Camera)
2μmカメラ(IR2; 2μm Camera)
中間赤外カメラ
(LIR; Long-Wave Infrared Camera)
雷・大気光カメラ
(LAC; Lightning and Airglow Camera)
超高安定発振器
(USO; Ultra-Stable Oscillator)

金星は太陽に2番目に近い惑星です。その軌道長半径は0.7233天文単位、公転周期は224.70日、自転周期は243.0185日です。自転が（水星と同様に）ずいぶん遅いですね。どうしてでしょうか。

金星は太陽を周回しながら地球を追い抜きます。追い抜く際、金星と地球はだいたい0.3天文単位まで接近します。これを天文用語で「金星の会合」といいます。

地球の公転周期と金星の公転周期は13：8の「尽数関係」にあり、地球が8回公転する間に金星は13回公転し、両者は5回接近します。金星と地球が過去何十億年も追いかけっこをするうちに、互いの重力が軌道を変化させ、このような尽数関係が成立したと考えられています。

尽数関係にあるのは公転周期だけではありません。**地球の公転周期と金星の自転周期の比は3：2の尽数関係にあります。**地球の2年間で金星は3回自転します。**地球の重力による潮汐力が金星の自転にブレーキをかけ、このような関係にいたったと考えられます。**これが金星の自転周期が長いわけです。

地球は私たち住人の知らぬ間に他の惑星に影響を与えているのです。

金星は水星よりも太陽から離れているのに、その表面は470℃というとんでもない高温です。**金星の気温は太陽系の惑星の中で最高です。**

金星には92気圧の濃い大気があります。二酸化炭素、窒素、亜硫酸ガスなどの毒ガスからなる恐ろしい大気です。金星の地表はこの大気による温室効果のため熱され、そこに硫酸の雨が降り注ぎ、地獄とはこういうところかと思うような凄まじい光景が広がっています。

金星と地球は太陽からの距離も質量もあまりちがわないのに、片方は地獄のような世界、片方は生命を育む惑星です。どうしてこのように運命が分かれてしまったのか、興味が湧きます。その理由が分かれば、よその恒星系に生命を探す際の手がかりにもなるでしょう。

金星探査機あかつきは金星大気の研究を目的とします。金星大気を紫外線で観測し化学物質を同定する紫外イメージャUVI、波長1μmと2μmの赤外線で大気の下層まで透視する1μmカメラIR1と2μmカメラIR2、雲の上層の温度を測定する中間赤外カメラLIR、大気中の30マイクロ秒の発光を捉えて雷放電を検出する雷・大気光カメラLACを搭載します。また超高安定発振器USOは、あかつきと地球の通信電波が金星大気をかすめる際の周波数の変動を測定します。そうすることによって大気の性質が研究できるのです。

あかつきは2010年5月20日に打ち上げられ、それまで「PLANET-C」というコード・ネームで呼ばれていたのが「あかつきAkatsuki」と命名されました。このとき同じロケットで小型ソーラー電力セイル実証機「イカロスIKAROS」も打ち上げられました。

あかつきは2010年12月7日には金星に「到着」しました。しかし主エンジンの故障のため、金星周回軌道に入ることに失敗し、ふらふら太陽を周回しながら5年間さまようことになります。

2015年12月7日、金星周回軌道に入るチャンスが再びやってきました。このときには主エンジンを使わず、姿勢制御用のスラスタ（ロケット）を用いて軌道修正に成功し、遠金点約36万km、周期10.8日の金星周回軌道に投入されました。これは当初の予定の軌道（遠金点8万km、周期1.25日）よりも金星から遠い軌道ですが、ともあれこのときから金星観測が始まることになりました。宇宙空間をさまよっていた5年の間、想定を超える太陽光を浴びた機体と観測装置が無事かどうか、当初は心配されましたが、いずれも正常に動作することが分かりました。

あかつきの定常観測運用は2016年度から2017年度まで続き、2018年度からは延長運用に入りました。2020年現在、IR1とIR2は機能を停止していますが、運用は継続中です。

金星の大気は自転速度よりも速く流れる「スーパーローテーション」という状態にあることが知られています。あかつきはこの構造を詳細に観測し、加速や維持のメカニズムを調べました。

金星の夕方になると、標高5000m級の高山の上空に、長さ約1万kmに及ぶ巨大な弓状の構造が現われることを発見しました。金星大気中の雷の存在はまだ実証されていません。今後の観測に期待されます。

火星に穴を掘る

地震計測・測地・熱流量測定地中探査機インサイト

InSight; INterior exploration using Seismic Investigations, Geodesy and Heat Transport

火星の核、地殻、マントルの構造を明らかに

インサイトの「自撮り」。火星のエリシウム平原にて。11枚の写真を貼り合わせたもの。
撮影：2018年12月6日。提供：NASA/JPL-Caltech

主目的

地震活動と隕石活動を観測する

打ち上げ／稼働

2018/05/05 12:05（協定世界時）。
2020年現在、運用中。火星のエリシウム平原に設置。

開発国、組織

アメリカ

観測装置／観測手法

内部構造探査地震計
(SEIS; Seismic Experiment for Interior Structure)

熱流量・物理量探査装置
(HP³; Heat Flow and Physical Properties Probe)

回転・内部構造実験装置
(RISE; Rotation and Interior Structure Experiment)

火星は太陽に近い方から4番目の惑星です。軌道長半径（p.43参照）は1.5237天文単位、公転周期は地球の686.9804625日、つまり火星の1年は地球の1年と10カ月と少々です。自転周期は1.0260日と、これはあまり地球と変わりません。

37億年前、地球で生命が誕生したころ、火星には濃い大気があり、海が存在したと考えられています。

しかしその後火星の大気は宇宙空間に散失し、海は干上がりました。現在の火星の大気圧は0.006気圧ほどで、その主成分は二酸化炭素です。水はほとんど含まれません。

気圧（水蒸気圧）が0.006気圧以下だと、水という物質は液体の状態をとれません。温度が低ければ氷、高ければ水蒸気になってしまいます。そのため、たとえ現在の火星の地表に水があっても、液体にはならないでしょう。**火星には海も水溜まりも存在できません。**

火星は、そこが地球に似た一つの世界であることが知られるようになって以来、生命がいるのではないかと想像され、期待されてきました。

これまで報告された火星生命の「証拠」は、残念ながら全て誤りと判明したのですが、それでもなお、数十億年前に火星の海で発生した生命の痕跡を現在の火星に探す試みは、真剣に続けられています。これから紹介するいくつかの火星探査機には、生命の発見を目的とする観測装置を搭載しているものもあります。

地震計測・測地・熱流量測定地中探査機インサイトは2018年5月5日に打ち上げられ、2018年11月26日19時52分に火星の赤道近くのエリシウム平原に着陸し、それ以来そこで計測を行なっています。このように、天体に着陸する探査機をランダー（着陸機）と呼びます。

インサイトに搭載された3台の主要観測装置のうち、内部構造探査地震計SEISは火星の地面に設置され、地震や隕石落下による地面の振動を計測します。地震や隕石による振動は火星の内部を伝わり、SEISで検出されます。この振動を解析することにより、火星内部の情報が得られます。

火星には火山があり、火星の内部では火山活動が続いていると考えられています。地震の計測により、火星の火山活動について知ることができます。

また火星の大気は薄いため、多くの隕石が大気で燃え尽きることなく地表に落下します。SEISの運用期間中に、5個 ～10個の隕石落下が検出されると予想されています。

熱流量・物理量探査装置HP^{3}は地面に5mの深さの穴を掘り、内部の温度やその変化を測ります。必要に応じて自ら熱を発することもできます。温度によって、火星の地下深部から表面に伝わってくる熱流量が分かります。これにより、火星の内部の組成や放射性物質の量が見積もられ、46億年前に火星ができたときの原料や状況が推測できます。火星は地球や月と同じ原料からできているのかどうかが、HP^{3}の結果から判明すると期待されます。

回転・内部構造実験装置RISEは電波を送信します。この電波を地球で受信し、その「ドップラー効果」を調べることにより、RISEを積んだインサイトの位置が数cmの精度で測量できます。

インサイトの位置、つまり火星の位置を数cmの精度で監視することにより、火星の自転の変化を精密に測定できます。火星の内部や地殻に変動があると、自転に影響が現われるので、こうして火星の内部についての情報が得られるのです。

POINT!

ドップラー効果

ドップラー効果とは、動いている物体から発せられる音や電磁波（光）の周波数が変化して観測される現象です。音源や光源が観測者に近づく場合には、周波数は高くなり、波長は短くなります。音の場合には高い音になります。反対に音源や光源が観測者から遠ざかる場合には、周波数は低くなり、波長は長くなり、音ならば低くなります。

日常生活では、救急車とすれ違う際、サイレン音が急に低くなる現象として観察されます。

音のドップラー効果と光のドップラー効果は、似て非なる計算式で表わされます。アルベルト・アインシュタイン（1879－1955）の「相対性理論」によると、動いている物体の時間経過はゆっくりになるので、光のドップラー効果はこの理論を考慮して計算する必要があるのです。

1842年、オーストリアの物理学者ヨハン・クリスチャン・ドップラー（1803－1853）は光のドップラー効果について発表しました。けれども残念ながら、ドップラーの発表は間違っていました。当時はアインシュタインも相対性理論もまだ生まれていなかったのです。ただし、ドップラーの数式は音には正しく応用できました。

現在では、音のドップラー効果も、相対性理論を考慮した光のドップラー効果も、ドップラーの名にちなんで呼ばれています。

火星の大気の謎に迫る

エクソマーズ 2016
ExoMars 2016

火星周回衛星と着陸機に分離

エクソマーズ2016のイラスト。スキアパレリ(先頭の円錐形)はTGOと分離する。
提供：ESA/ATG medialab
(CC BY-SA 3.0 IGO)

主目的

生命またはその痕跡の探索、大気中の微量気体の監視

打ち上げ／稼働

2016/03/14 09:31 (協定世界時)。2020年現在、TGOは火星周回軌道にて運用中。スキアパレリは運用終了。

開発国、組織

ESA、ロシア

観測装置／観測手法

微量気体観測衛星
(TGO; Trace Gas Orbiter)

- 天底・星食分光器
(NOMAD; Nadir and Occultation for Mars Discovery)
- 大気組成分析セット
(ACS; Atmospheric Chemistry Suite)
- ステレオ・カラー地表カメラ
(CaSSIS; Colour and Stereo Surface Imaging System)
- 高分解能非熱的中性子検出器
(FREND; Fine Resolution Epithermal Neutron Detector)

スキアパレリ(Schiaparelli)
別名：突入・降下・着陸実証モジュール
(EDM; Entry, Descent and landing demonstration Module)

- 塵特性評価・危険性評価・環境分析パッケージ
(DREAMS Package; Dust Characterisation, Risk Assessment, and Environment Analyser on the Martian Surface Package)
- 大気突入・着陸調査分析
(AMELIA; Atmospheric Mars Entry and Landing Investigation and Analysis)
- 大気熱・放射計測機器パッケージ
(COMARS+ Instrument Package; Combined Aerothermal and Radiometer Sensors Instrument Package)
- 降下カメラ(DECA; Descent Camera)
- 着陸・走行レーザー再帰反射計測機器
(INRR; Instrument for Landing-Roving Laser Retroreflector Investigations)

エクソマーズ2016は2016年3月14日に打ち上げられたESAとロシアによる火星探査機です。**火星を周回して大気を調べる微量気体観測衛星TGOと、地表に着陸を行なうスキアパレリから構成されます。**スキアパレリは別名を「突入・降下・着陸実証モジュールEDM」といいます。

打ち上げから7カ月経った2016年10月16日、火星到着直前に、スキアパレリとTGOは分離しました。

2016年10月19日、スキアパレリは赤道近くのメリディアニ平原に降下しました。しかし着陸には失敗し、通信は跡絶(とだ)えました。

ほぼ同時にTGOは火星周回軌道に入り、以後現在にいたるまで運用中です。

TGOは大気組成を分析するための赤外、可視光などの分光器を備えています。また中性子検出器も搭載し、これは地中に水があれば発見できると期待されます。

エクソマーズ計画は、生命またはその痕跡の探索、大気中の微量気体の監視、砂嵐期の火星環境の研究、火星の電場の測定を目的としています。エクソマーズ2016に続いて、エクソマーズ2020という別の探査機が2020年に打ち上げられる予定です。

エクソマーズ2020は着陸機とローバーを搭載し、ローバーは火星の地表を走行して探査を行ないます。

火星探査ミッション

火星の大地を走り回る実験室

火星科学実験室・自走車キュリオシティ

Mars Science Laboratory, Curiosity Rover

水によって作られた沈殿物の痕跡を発見

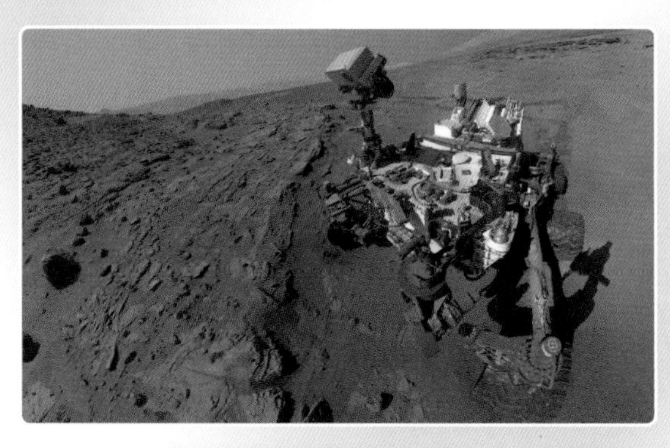

火星に穴を掘るキュリオシティの「自撮り」。2014年4月と5月に撮影した複数の写真を合成したもの。
提供：NASA/JPL-Caltech/MSSS

主目的

過去、生命が生存可能か調査

打ち上げ／稼働

2011/11/26 15:02（協定世界時）。
2020年現在、運用中。火星地表を移動中。

開発国、組織

アメリカ

観測装置／観測手法

主柱カメラ（Mastcam; Mast Camera）
拡大鏡（MAHLI; Mars Hand Lens Imager）
降下カメラ（MARDI; Mars Descent Imager）
アルファ線X線分光器（APXS; Alpha Particle X-ray Spectrometer）
化学カメラ（ChemCam; Chemistry and Camera）
化学・鉱物学X線回折/X線蛍光分析器
（CheMin; Chemistry and Mineralogy X-ray Diffraction and Fluorescence Instrument）
試料分析セット（SAM; Sample Analysis at Mars）
放射線評価検出器（RAD; Radiation Assessment Detector）
変動反射中性子線測定器（DAN; Dynamic Albedo of Neutrons）
ローバー環境モニタ（REMS; Rover Environmental Monitoring Station）
突入・降下・着陸実験装置
（MEDLI; Mars Science Laboratory Entry Descent and Landing Instrument）

自走車（ローバー）キュリオシティは2011年11月26日15時2分に打ち上げられました。2012年8月6日5時32分に火星上空で運搬機から切り離され、大気に突入・降下し、赤道に近いゲイル・クレーターに着陸しました。以来、8年にわたって火星の大地を動き回り、調査を行なっています。

キュリオシティは「好奇心」を意味します。キュリオシティは「火星科学実験室」という宇宙機に属するローバーであり、火星科学実験室はアメリカの火星探査計画の一環として打ち上げられました。火星探査計画は、過去の火星に生命が存在したかどうかを明らかにし、火星の気候と地質を解明し、将来の有人探査に備えるという目標を掲げています。

ゲイル・クレーターは35億～38億年前、火星も太陽系もまだ若かったころ、隕石の衝突によってできた直径154kmのクレーターです。

キュリオシティは8年にわたってゲイル・クレーター上を探査し、あちこちをほじくりかえし、10種のカメラや分析機器を用いて試料を調べました。（11番目の測定装置の突入・降下・着陸実験装置MEDLIはキュリオシティの着陸過程で大気を分析する装置です。）その走行距離は2020年現在で22km、平均すると1日に約7mの移動です。

キュリオシティによる発見には、例えば、水によって作られた沈殿物の痕跡などがあります。**この発見は、ゲイル・クレーターが湖だったことを示します。**光合成などの化学合成を行なう微生物を中心とする生態系が当時は維持可能だったと思われます。

失われる火星大気

火星大気・揮発性物質変遷調査機マーヴェン

MAVEN; Mars Atmosphere and Volatile EvolutioN

火星のオーロラとともに流出する分子を捉える

NASAケネディ宇宙センターにて、太陽電池の展開の試験中のマーヴェン。撮影：2013年9月23日。提供：NASA/Kim Shiflett

主目的

太陽風が火星大気に及ぼす影響を明らかに

打ち上げ／稼働

2013/11/18 18:28（協定世界時）。2020年現在、運用中。火星周回軌道。

開発国、組織

アメリカ

観測装置／観測手法

太陽風電子分析器
(SWEA; Solar Wind Electron Analyzer)
太陽風イオン分析器(SWIA; Solar Wind Ion Analyzer)
超熱的・熱的イオン組成分析器
(STATIC; Suprathermal and Thermal Ion Composition)
太陽光エネルギー粒子計
(SEP; Solar Energetic Particle)
ラングミュア探針・波動計
(LPW; Langmuir Probe and Waves)
磁気計(MAG; Magnetometer)
紫外線分光カメラ
(IUVS; Imaging Ultraviolet Spectrograph)
中性ガス・イオン質量分析器
(NGIMS; Neutral Gas and Ion Mass Spectrometer)

数十億年前の火星は濃い大気を持ち、そのため海洋が存在できました。現在その大気はほとんど失われ、0.006気圧程度しか残っていません。0.006気圧では、液体の水は存在できません。(ただし、盆地など高度の低い地域で高気圧などの好条件が重なると、塩分の濃い水溶液が一時的に存在できるかもしれません。)

火星の大気が失われる過程には、太陽風、つまり太陽から飛来する粒子が関わっていると考えられています。**大気中の気体分子は太陽からの高エネルギー粒子が衝突することによってイオン化し、分解され、弾き飛ばされ、火星の重力を脱する速度まで加速され、徐々に宇宙空間へ流出したのでしょう。**

一方、地球の大気が保存されたのは、一つには地磁気に守られていたからだと考えられています。**荷電粒子は磁場の中では真っ直ぐ進めず進路を曲げられる性質があります。**そのため太陽から地球めがけて撃ち込まれた銃弾のような高エネルギー粒子も、大気分子に衝突する前に、地磁気によって進路を曲げられ、跳ね返されるのです。これにより地球の大気は宇宙空間への大規模な流出が起きなかったと考えられています。

地球のような強い地磁気を持たない火星では、どのように大気が流出しているのでしょうか。火星大気と太陽風と火星の弱い磁気の関係を調べることで、天体が大気を保持する条件が明らかになります。その研究結果は、よその天体の生命探索にも応用できます。

火星大気・揮発性物質変遷調査機マーヴェンは、火星の上層大

気とイオン圏を調べ、太陽風が火星大気に及ぼす影響を明らかにすることを目的としています。マーヴェンは2013年11月18日に打ち上げられ、2014年9月21日に火星周回軌道に投入されました。

マーヴェンは太陽風電子分析器SWEA、太陽風イオン分析器SWIAなど、太陽風と火星の磁気圏・イオン圏を調べるための6台の測定装置を持ちます。さらに火星上層大気とイオン圏を観測するための紫外分光カメラIUVS、流出する大気分子を観測するための中性ガス・イオン質量分析器NGIMSを備えます。

これまでのマーヴェンの成果には、例えば火星の「陽子オーロラ」という現象の発見があります。この珍しいタイプのオーロラは、地球では観測されたことがありますが、火星でも生じることがIUVSによって捉えられました。

「普通の」オーロラは、地球では極地方で見られますが、火星では低緯度地方でも起きることが分かりました。

またIUVSは、火星の大気中に、隕石に由来するマグネシウム・イオンMg^{+}が豊富な層があることを見つけました。

2015年3月に生じたコロナ質量放出では、火星にオーロラが発生し、大気からイオン化した分子が流出するのを捉えました。

POINT!

質量分析

「質量分析(マス・スペクトロメトリー)」とは、分子や粒子の質量を1個1個測定し、その種類を判定する分析手法です。

質量分析には様々なやり方がありますが、基本的には、飛び込んできた分子や粒子をまずイオン化します。つまり、熱や衝撃や光などを使って、電子を1個か2個か、あるいはもっとたくさん、はぎ取ります。逆に電子をくっつけて陰イオンにする手法もあります。

次に、できあがったイオンを電場や磁場の中に通過させます。するとイオンは電場の力や磁場の力によって、軌道が曲がったり、加速したり、減速したりします。このとき、質量の大きなイオンはさほど曲がったり加速したり減速したりしませんが、質量の小さなものは電場や磁場の影響を強く受けます。そのため、質量のちがいによって軌道に差ができ、これは位置のちがいとなって表われます。

この位置のちがいを例えば粒子検出器で測定してやれば、このイオンの質量が分かります。

これが質量分析の原理です。

インド発火星行き

火星周回ミッション・マム

MOM; Mars Orbiter Mission

火星の地表の形状・形態・鉱物・大気をインドの技術で探査する

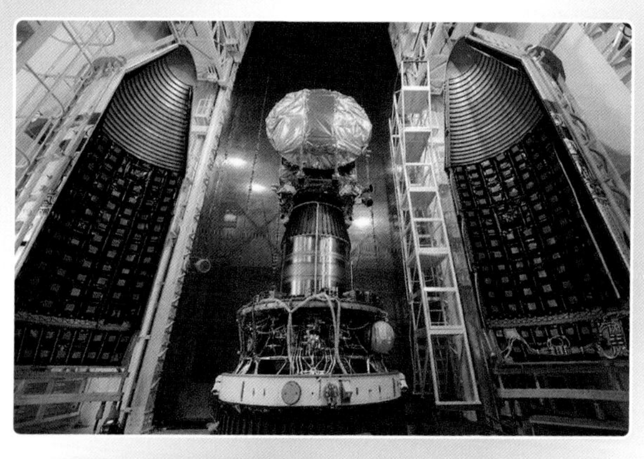

PSLV-C25ロケットに搭載されるマム。提供：ISRO

主目的

惑星間ミッションの技術実証

打ち上げ／稼働

2013/11/05 09:08（協定世界時）。2020年現在、運用中。火星周回軌道。

開発国、組織

インド

観測装置／観測手法

カラー・カメラ（MCC; MARS Colour Camera）
メタン・センサー（MSM; Methane Sensor for MARS）
熱赤外線分光カメラ（TIS; Thermal Infrared Imaging Spectrometer）
ライマン・アルファ光度計（LAP; Lyman Alpha Photometer）
火星外気圏中性成分分析器（MENCA; Mars Exospheric Neutral Composition Analyser）

火星周回ミッション・マムはインド宇宙研究機関（ISRO；Indian Space Reseach Organization）の初の惑星間ミッションです。2013年11月5日9時8分に打ち上げられ、2014年9月24日2時に火星周回軌道に投入されました。2020年現在、科学観測を継続しています。

マムはインド国産の技術で惑星探査を実現するという目的を持つ技術実証ミッションです。科学的な目的としては、火星の地表の形状・形態・鉱物・大気を探査することが挙げられます。

マムは5台の観測装置を搭載しています。カラー・カメラMCCは火星地表の地図を作製します。メタン・センサーMSMは太陽光の火星表面での反射光を観測し、メタン分子による吸収を測定し、大気中の微量メタンを感知します。熱赤外線分光カメラTISからは地表の鉱物が分かります。

ライマン・アルファ光度計LAPは、大気上層からのライマン・アルファ線を捉えます。水素原子から発せられるライマン・アルファ線を観測することにより、水素の存在量や状態が分かります。すると、火星大気からの水蒸気の流出量が測定できます。

火星外気圏中性成分分析器MENCAは、マムの軌道（外気圏）までただよう大気分子に質量分析を施します。

マムの測定データは現在世界の研究者に公開され、解析が行なわれています。

火星探査ミッション

火星到着から13年以上の長寿命ミッション

火星偵察衛星 MRO

MRO; Mars Reconnaissance Orbiter

後継機の着陸地点を決定し、その中継基地となる

MROの想像図。提供：NASA/JPL

主目的

火星の水（固体、液体、気体）の分布を調べる

打ち上げ／稼働

2005/08/12 11:43（協定世界時）。2020年現在、運用中。火星周回軌道。

開発国、組織

アメリカ、イタリア（SHARAD）

観測装置／観測手法

高分解能カメラ（HiRISE; High Resolution Imaging Science Experiment）
背景カメラ（CTX; Context Camera）
カラー・カメラ（MARCI; Mars Color Imager）
小型撮像分光器（CRISM; Compact Reconnaissance Imaging Spectrometer for Mars）
火星気象測定器（MCS; Mars Climate Sounder）
地下レーダー（SHARAD; Shallow Radar）
重力測定パッケージ（Gravity Field Investigation Package）
大気構造調査加速度計（Atmospheric Structure Investigation Accelerometers）

火星偵察衛星MROは2005年8月12日に打ち上げられ、2006年3月10日に火星周回軌道に入りました。初めの軌道は周期35時間の細長い楕円軌道でしたが、火星大気を利用してブレーキをかけ、6カ月かけて次第に軌道を修正し、周期2時間の円に近い軌道を周回するようになりました。

MROの主要観測期間は2006年11月～2008年11月で、この2年間の観測は無事に終わりました。延長観測は2020年現在も続いていて、火星到着から13年以上の長寿命ミッションです。

MROの目的の一つは、後続の火星着陸機フェニックス、火星科学実験室・自走車キュリオシティ（p.56）の着陸地点を決定し、その地球への通信の中継基地となることでした。

フェニックスは2007年8月4日に打ち上げられ、2008年5月25日に火星に着陸しました。5カ月間にわたって調査・観測を行ない、地中に氷を発見するなどの成果を上げました。

MROは、科学調査としては特に、火星の水（固体、液体、気体）の分布を調べるという目的を持ちます。

高分解能カメラHiRISE、背景カメラCTX、カラー・カメラMARCIといったカメラは火星表面の地形を高分解能で撮像し、小型撮像分光器CRISMは物質分布を測定します。地下レーダーSHARADは地下の物質分布を探ります。火星気象測定器MCSと大気構造調査加速度計は火星大気の構造を調べます。ただし大気構造調査加速度計は運用初期の大気ブレーキの際に機能する装置です。なお、HiRISEの「成果」の一つに、ESAの着陸機ビーグル2（p.66）を「発見」したというものがあります。

火星探査ミッション

急ごしらえで長寿命

マーズ・エクスプレス
Mars Express

火星地表の高分解能撮像、鉱物分布調査、大気の研究などを行なう

ビーグル2を分離するマーズ・エクスプレスの想像図。提供：ESA/Medialab(CC BY-SA 3.0 IGO)

主目的

ロシアの失敗ミッション「マルス96」の目的を果たす

打ち上げ／稼働

2003/06/02 17:45（協定世界時）。2020年現在、運用中。火星周回軌道。

開発国、組織

ESA、アメリカ(MARSIS)

観測装置／観測手法

高分解能ステレオカメラ
(HRSC; High Resolution Stereo Camera)
高エネルギー中性原子分析器
(ASPERA; Analyser of Space Plasma and Energetic Atoms)
電波実験装置(MaRS; Mars Radio Science Experiment)
地下レーダー
(MARSIS; Mars Advanced Radar for Subsurface and Ionospheric Sounding)
赤外線分光鉱物分布計
(OMEGA; Observatoire pour la Minéralogie, l'Eau, les Glaces et l'Activité)
フーリエ分光計(PFS; Planetary Fourier Spectrometer)
紫外線・赤外大気分光計
(SPICAM; Spectroscopy for the Investigation of the Characteristics of the Atmosphere of Mars)
着陸機ビーグル2(Beagle-2)

「火星急行」マーズ・エクスプレスは、惑星間ミッションとしては異例の短期間で開発されたためにこう名づけられました。1996年に打ち上げに失敗したロシアの火星探査機マルス96の目的を継承して、2003年6月2日に打ち上げられました。

マーズ・エクスプレスは2003年12月19日に着陸機ビーグル2を分離し、2003年12月25日に火星周回軌道に乗りました。主要観測期間は1火星年（687地球日）でしたが、これを15年間も超えて現在も運用中です。

マーズ・エクスプレスがこれまでに上げた成果は、含水鉱物の発見、氷河地形の発見、極地方の探査、過去の火山活動の調査、フォボス地図の作製など、多数あります。

2018年には、マーズ・エクスプレスの地下レーダーMARSISによって、地下の液体の水、つまり地下湖が発見されたという発表がありました。本当なら、これまでほとんど報告のない火星の液体の水の発見です。

ただしこの発見は、火星偵察衛星MRO（p.64）の地下レーダーSHARADの探索では確認されていないので、さらなる研究と追試が必要と思われます。

火星着陸機ビーグル2は、マーズ・エクスプレスにヒッチハイクして火星まで旅し、袂（たもと）を分かって火星に着陸し、科学探査を行なう予定でした。しかし2003年12月25日に火星に降下を開始して以来、ビーグル2は音信不通となりました。ビーグル2は地表に激突して大破したものと推定され、ミッションの終了が宣告されました。

それから10年以上経った2015年、MROが撮影した（2014年の）火星地表の写真にビーグル2の姿が発見されました。写真解析から、ビーグル2の4枚の太陽電池パネルのうち一部が展開されていることが分かりました。

ここから、ビーグル2に何が起きたのか推定することができました。ビーグル2は予定どおりパラシュートを開いて着地に成功し、活動を開始したと考えられます。しかし4枚の太陽電池パネルのうち一部が、何らかの不具合により開かなかったようです。太陽電池パネルが開かないと、その下のアンテナが覆い隠され、電波通信ができません。おそらくビーグル2は地球との交信をずっと試み続けていたものと思われます。

POINT!

主要観測期間

観測衛星などの機体は、あらかじめ計画された「主要観測期間」あるいは「設計寿命」を持ちます。（どの日本語もあまりしっくりこない概念です。）

機体は無数の部品や機器の集合ですが、それらは、打ち上げ後ある期間内は故障せず機能するように設計・製作されます。この期間を主要観測期間とか設計寿命などといいます。多くの場合１年間程度ですが、もっと短いミッションも、惑星探査機のように何年間にも及ぶ長期ミッションもあります。

この主要観測期間が故障なく無事に過ぎれば、目標が達成されたことになり、そのミッションは成功とみなされます。残念ながら予定よりも早く壊れた機器があれば、その目標は何％達成されたのか評価されます。

運がよければ、主要観測期間が過ぎても機体や観測装置に大きな問題が発生せず、観測や探査が続けられる状態が保たれます。すると普通は、ミッションに予算がついて、次の年度まで運用が延長されます。これは100％以上の成功と評価されます。この調子で、設計寿命を何年も超過して観測し続けるミッションもあります。

けれどもロケットの打ち上げはしばしば失敗します。無事に打ち上げられても、宇宙は寒暖の差が激しく、放射線や紫外線や強い酸化作用を持つ酸素の単原子などに満ちていて、精密機械には過酷な環境です。燃料の補給もなく、故障しても修理はまず不可能です。大雑把にいって、ミッションの４機に１機程度は目標を達成することなく失われます。

そういう場合、筆者も経験がありますが、ミッション・チーム は深刻なダメージを負います。観測データによって学位論文を書く予定だった大学院生や、ミッションの予算で雇われている研究員は、人生が変わることもあります。

2001年火星の旅

2001 マーズ・オデッセイ
2001 Mars Odyssey

最長齢の現役火星探査機

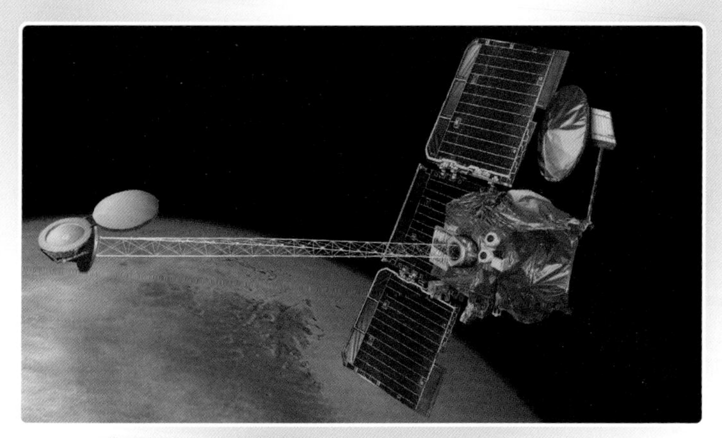

2001マーズ・オデッセイの想像図。提供：NASA/JPL

主目的

火星表面の鉱物分布図を作り、地下の水素の存在量を測定

打ち上げ／稼働

2001/04/07 16:02（協定世界時）。2020年現在、運用中。火星を周回する太陽同期軌道。

開発国、組織

アメリカ

観測装置／観測手法

熱放射カメラ
(THEMIS; Thermal Emission Imaging System)

ガンマ線検出器
(GRS; Gamma-Ray Spectrometer)

放射線環境計測装置
(MARIE; Mars Radiation Environment Experiment)

2001マーズ・オデッセイの名は、アーサー・C・クラークの小説『2001年宇宙の旅（2001：A Space Odyssey）』にちなみます。2001年4月7日に打ち上げられ、2001年10月24日に火星周回軌道に投入されました。火星偵察衛星MRO（p.64）などと同様に、火星大気でブレーキをかけて軌道を修正し、最終的には2時間で火星を周回する軌道に入りました。火星の北極上空と南極上空を通過する、ほぼ太陽同期軌道です。

2001マーズ・オデッセイはNASAの火星探査計画に基づく探査機であり、また18年以上にわたって火星探査を続けている、最も長寿命の探査機です。

これまで、**火星全域の化学組成と鉱物組成の地図を初めて作製し、地下の水素分布を測ることによって、極地方の地下に水が存在することを示し、また火星の放射線環境を計測しました。**放射線のデータは、将来の有人火星探査に役立ちます。

また、**2001マーズ・オデッセイは、火星地表の着陸機や自走車の中継基地局としても活躍してきました。**これまで火星探査自走車Aスピリット、火星探査自走車Bオポチュニティ、火星着陸機フェニックス、火星科学実験室・自走車キュリオシティ（p.56）の地球との通信を中継してきました。もしもビーグル2が成功していれば、やはり2001マーズ・オデッセイが中継基地局として働く予定でした。

小惑星探査ミッション

小惑星リュウグウから サンプル・リターン

小惑星探査機はやぶさ 2

Asteroid Explorer Hayabusa2

試料を携えて宇宙を帰還中

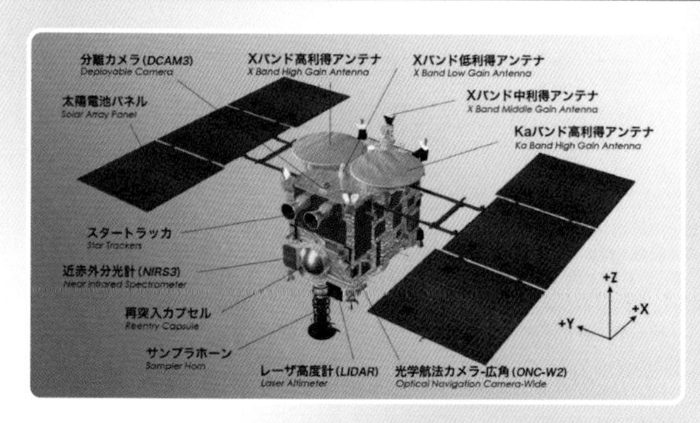

はやぶさ2のCG。
提供：JAXA

主目的

小惑星リュウグウの探査

打ち上げ／稼働

2014/12/03 04：22（協定世界時）。
2020年現在、運用中。地球へ飛行中。

開発国、組織

日本、ドイツ(MASCOT)、フランス(MASCOT)

観測装置／観測手法

光学航法カメラ－望遠、広角1、広角2
(ONC-T, W1, W2; Optical Navigation Camera Telescope, Wide1, Wide2)

レーザ高度計
(LIDAR; Light Detection and Ranging[Laser Altimeter])

近赤外分光計
(NIRS3; Near Infrared Spectrometer)

中間赤外カメラ
(TIR; Thermal Infrared Imager)

サンプリング装置
(SMP; Sampler)

衝突装置(SCI; Small Carry-on Impactor)

分離カメラ(DCAM3-D; Deployable Camera 3-D)

小型ローバ
(MINERVA-II; Micro Nano Experimental Robot Vehicle for Asteroid the Second Generation)

小型着陸機
(MASCOT; Mobile Asteroid Surface Scout)
- 広角カメラ(CAM)
- 分光顕微鏡(MicrOmega)
- 熱放射計(MARA)
- 磁力計(MAG)

小惑星探査機はやぶさ2は2014年12月3日4時22分に種子島宇宙センターからH−IIAロケット26号機によって打ち上げられました。2年半後の2018年6月27日0時35分に小惑星リュウグウに到着し、**1年以上にわたってリュウグウを周回しつつ探査と実験を行ないました。**

その間、小型着陸機MASCOTと2台の小型自走機MINERVA−IIをリュウグウに着陸させ、はやぶさ2本体によるリュウグウへのタッチダウン（着地と離脱）に成功しました。衝突装置SCIを用いてリュウグウ表面にクレーターを作った後、さらにタッチダウンを行なって岩石試料を採集しました。

2019年11月13日1時5分、はやぶさ2はリュウグウの探査を終えて地球に帰路をとりました。**採集した試料のカプセルは2020年に地球に投下する予定です。**

天体から試料を持ち帰るサンプル・リターンは大変難易度の高いアクロバティックなミッションで、世界がドキドキしながら成否を見守っています。

リュウグウはさしわたし約900mの小さな天体で、炭素や水（氷）を持つ「C型小惑星」です。

はやぶさ2打ち上げまでは、リュウグウは「1999 JU3」という仮符号で呼ばれていました。2015年、JAXAが名称を公募し、「リュウグウRyugu」が選ばれました。小惑星の名称を申請する権利は発見者にあるので、この天体を発見したアメリカのリニア・チームから国際天文学連合にこの名前を申請するという形をとり、リュウグウという名前が正式に認められました。

リュウグウの特徴の一つは、地球に接近する可能性がある地球接近天体（p.211 POINT! 参照）であることです。**リュウグウは楕円軌道を描いて太陽を1.3年で周回し、太陽から最も離れたときは火星軌道くらいの位置に、近づいたときに地球軌道くらいの位置に来ます。**過去には地球に衝突しそうになったことがあるかもしれません。

太陽系には数えきれない小天体が飛び交っています。小天体の中には、太陽を周回するうちに、あるいは他の天体の重力によって軌道を曲げられた結果、地球に近づくものがあります。宇宙に浮かぶちっぽけな地球にうまく当てるのは難しいのですが、時おり衝突事故が起きます。水星や月の表面は、過去数十億年間の衝突事故でできたクレーターがびっしりです。

地球のクレーターは水と風の作用で削られてなくなってしまうものですが、例えばメキシコ湾岸のチークシュルブには、半ば崩れたクレーターが残っています。これは、約6600万年前に直径約10 kmの隕石が衝突した跡と推定されます。この規模の衝突は、塵を舞い上げて太陽光をさえぎり、地球の気温を－40℃程度にまで下げたでしょう。**チークシュルブ隕石は、約6600万年前、恐竜を含む陸上生物種の75%を絶滅させたと考えられています。**

このような、生物種の大量絶滅を「大絶滅」といいます。化石を調べてみると、大絶滅は1億年に1回ほどの率で過去5回以上起きたことが分かります。他の4回以上の大絶滅の原因ははっきりしていませんが、隕石の衝突が引き起こしたものもあるかもしれません。

リュウグウの研究は、地球に衝突する小天体や、過去や未来の衝突について明らかにするという意義があります。

また、**はやぶさ2がもたらすリュウグウの岩石は、46億年前に太陽系の原料となった宇宙空間のガスや塵などの情報を残していると考えられます。**リュウグウのような小天体の試料を調べることによって、太陽系の誕生時の様子や、惑星誕生の条件などが分かるのです。世界の研究者が待ち構えています。

リュウグウの試料が手に入ったら、透過型電子顕微鏡TEMや走査型電子顕微鏡SEM、ラマン分光と近赤外ラマン分光、質量分析、シンクロトロンX線回折、中性子励起ガンマ線分光等々の分析機器と分析手法を用いて、構造、化学組成、鉱物組成、同位体比等々のデータが搾り取られることになるでしょう。

はやぶさ2は、小惑星探査という科学研究に加えて、「『はやぶさ』で実証した深宇宙往復探査技術を維持・発展させて、本分野で世界を牽引する」という目的を持ちます。初代の小惑星探査機はやぶさについてはp.79の POINT! に続きます。

小惑星探査ミッション

小惑星ベンヌからサンプル・リターン

起源・光学特性・資源・安定性・表土探査機オシリス・レックス

OSIRIS-REx; Origins, Spectral Interpretation, Resource Identification, Security Regolith Explorer

2023年に帰還予定

主目的

小惑星ベンヌを探査

打ち上げ／稼働

2016/09/08 23:05（協定世界時）。
2020年現在、運用中。小惑星ベンヌを周回中。

開発国、組織

アメリカ、カナダ（OLA）

観測装置／観測手法

カメラ・セット（OCAMS; OSIRIS-REx Camera Suite）
レーザー高度計（OLA; OSIRIS-REx Laser Altimeter）
熱放射分析器
（OTES; OSIRIS-REx Thermal Emission Spectrometer）
可視光・赤外線カメラ
（OVIRS; OSIRIS-REx Visible and Infrared Spectrometer）
X線分光カメラ
（REXIS; Regolith X-ray Imaging Spectrometer）
タッチ・アンド・ゴー採集機構
（TAGSAM; Touch-and-Go Sample Acquisition Mechanism）
回収カプセル
（SRC; Sample Return Capsule）

搭載前のオシリス・レックス。太陽電池パネルは畳まれている。背景に、ロケットのフェアリングが見える。
撮影：2016年08月19日。提供：NASA

オシリス・レックスもまた、小惑星探査を行ない、試料を地球に持ち帰るミッションです。はやぶさ2とは協力関係にあり、試料を一部交換する協定が結ばれています。

オシリス・レックスの目標は直径500mの小惑星ベンヌ（1999 RQ36）です。ベンヌもリュウグウと同様にC型小惑星で、自転周期は4.3時間、公転周期1.2年、リュウグウと同様に地球に接近する軌道を持ちます。

ベンヌとリュウグウは「小惑星帯」に属する小天体です。小惑星帯は火星軌道と木星軌道の間にある膨大な小天体の群れで、これまで約70万個が発見されています。ベンヌとリュウグウは中でも特別に地球に近づく軌道を持ち、そのためにオシリス・レックスとはやぶさ2の目的地として選ばれました。

「オシリス」はエジプト神話の神、「レックス」はラテン語で「王」を意味します。「オシリス・レックス（OSIRIS－REx）」は起源・光学特性・資源・安定性・表土探査機（Origins, Spectral Interpretation, Resource Identification, Security－Regolith Explorer）という長い名称の語呂合わせになっています。

オシリス・レックスは2016年9月8日に打ち上げられ、スウィング・バイを経て、2018年12月3日にベンヌに到着し、周回軌道に入りました。2020年現在、ベンヌの探査を継続中です。

オシリス・レックスの備える観測装置のうち、カメラ・セットOCAMS、熱放射分析器OTES、可視光・赤外線カメラOVIRS、X線分光カメラREXISはベンヌ表面を撮像し、元素組成、鉱物組成を調べます。

レーザー高度計OLAはカナダの担当した装置です。ベンヌを周回しながらその表面にレーザーを照射し、レーザー光が反射されて返ってくるまでの時間から、ベンヌ表面との距離を測定します。これにより、ベンヌ表面の精密な地図を作成しました。

タッチ・アンド・ゴー採集機構TAGSAMは、ベンヌ表面から試料を採集する装置です。オシリス・レックスはベンヌに接近し、ロボット・アームを伸ばし、窒素ガスをベンヌ表面に吹き付けます。この方法でTAGSAMは60g～2000gの試料を集めると期待されます。

オシリス・レックスは2020年7月にTAGSAMを作動させて試料を採集し、2021年3月にベンヌを離れて帰路につく予定です。そして2023年9月24日に回収カプセルSRCをアメリカ・ユタ砂漠に投下し、探査機本体は太陽周回軌道に入る見込みです。

POINT!

初代小惑星探査機はやぶさ

小惑星探査機はやぶさ（MUSES-C）は2003年5月9日に打ち上げられ、2005年11月20日と25日の2回、小惑星イトカワにタッチダウンを行ないました。

着地中に、イトカワの地表に向けて弾丸を発射し、岩石の破片を採取するはずでしたが、弾丸は予定どおりには発射されませんでした。そのため、試料容器に岩石の破片が入っている見込みはほとんどなかったのですが、運がよければ、微量の塵か埃が紛れ込んでいるかもしれないと期待されました。

メンテナンスも補給もなしに2年間の行程と探査をこなしたはやぶさの機体はボロボロでした。燃料は漏れ、4台のイオン・エンジンのうち2台（最終的には3台）が故障し、姿勢制御用のリアクション・ホイールは3台中2台が停止していました。

はやぶさは一時の通信途絶から回復すると、残った冗長化をやりくりし、容器を抱えてよろよろと帰路をとりました。

さらに4年半後の2010年6月13日、はやぶさは地球に到達しました。オーストラリア上空に試料容器を投下すると、全ての任務を終えた機体は大気圏に突入して燃え尽きました。その最後の姿はまばゆい流星として見えました。

回収された容器には、はたしてイトカワ起源の物質が確認されました。数μm～数百μmの塵粒子が約1500粒見つかったのです。

こうして超絶難易度のサンプル・リターン・ミッションは成功し、小惑星イトカワからの試料が地球にもたらされました。人類は、月、「81P/ヴィルト第2彗星」に続く3番目の異星からの試料を手にしました。

太陽系最大の惑星・木星へ

ジュノー
Juno

53日ごとに木星に最接近し、観測データを取得

木星を周回するジュノーの想像図。
提供：NASA/JPL

主目的

木星の探査

打ち上げ／稼働

2011/08/05 16:25（協定世界時）。2020年現在、運用中。木星周回極軌道。

開発国、組織

アメリカ

観測装置／観測手法

重力計(Gravity Science)
磁気計(MAG; Magnetometer)
マイクロ波放射計(MWR; Microwave Radiometer)
高エネルギー粒子検出器
(JEDI; Jupiter Energetic Particle Detector Instrument)
オーロラ分布実験装置
(JADE; Jovian Auroral Distributions Experiment)
波動計(Waves)
紫外線分光カメラ(UVS; Ultraviolet Imaging Spectrograph)
赤外オーロラ分布計(JIRAM ; Jovian Infrared Auroral Mapper)
ジュノーカム(JunoCam)

木星は太陽系最大の惑星です。その質量は太陽の約1000分の1、地球の約300倍です。直径は太陽の約10分の1です。ほとんど水素とヘリウムからなり、土星とともに「巨大ガス惑星」と呼ばれます。（これまで紹介した水星、金星、地球、火星はいずれも小さな「岩石惑星」です。）

ジュノーは木星探査機です。ローマ神話においては、女神「ジュノー」は神々の王「ジュピター」の妻です。探査機ジュノーは2011年8月5日16時25分に打ち上げられ、地球によるスウィング・バイを経て、2016年7月4日15時53分に木星周回軌道に投入されました。（7月4日はまたアメリカ独立記念日でもあります。アメリカのミッションは重要なイベントをこの日付近に設定して記念日を祝うことがしばしばあります。）

ジュノーの軌道は周期53日で木星を周回する極軌道です。極軌道は、北極上空から赤道を通過して南極上空を経て北極上空に戻る軌道で、1周ごとに全ての緯線を通過します。そのため、数周期で木星の全ての表面を探査することが可能です。ただし、木星は固体の表面を持たず、緯度によって自転周期がちがうので、地球や火星のように全表面の地図を作ることはできません。

当初の計画では周期53日で2回木星を周回した後、周期14日で木星を周回する軌道に移ることになっていました。しかし推進装置の不調が見つかったため移行はとりやめになり、ジュノーは周期53日の軌道で木星を観測しています。53日ごとに木星に最接近し、観測データを取得しています。

この巨大な惑星の謎の一つは、この惑星がどこで誕生したのか、というものです。

太陽系の各惑星と太陽は、46億年前にほぼ同時に誕生したと考えられています。宇宙空間にただようガスや塵が集まり、塊となり、太陽になりました。太陽になりそこなった周辺のわずかなガスや塵は、やはり集まって、惑星を形成しました。

20世紀の惑星形成理論では、惑星は今ある軌道上に誕生して、その軌道は過去46億年間でほとんど変化しなかったとされていました。木星は46億年前に誕生したときから、太陽から5.2天文単位の距離にあったというわけです。

しかし最近の理論では、惑星というものは生まれた後に主星に近づいたり反対に弾き飛ばされたりして、軌道はダイナミックに変わるものだといいます。木星も、もっと太陽から遠い場所で誕生し、それから現在の位置までよっこらしょと移動してきた可能性が指摘されています。

どちらの説が正しいかは、木星に存在する水の量から判定できるはずです。**木星の形成された場所が原始太陽からどれほどの距離にあったかによって、含まれる水の量がちがってくると予想される**からです。

ジュノーのマイクロ波放射計MWRと赤外オーロラ分布計JIRAMは、木星の水の量を決定し、どちらの説が正しいか判定します。ひょっとしたら、どちらでもない第三の説に軍配が上がるかもしれません。

木星は氷や岩石のコアを持つのでしょうか、それとも芯まで水素とヘリウムなのでしょうか。これもまた、ジュノーが解き明かすと期待されている木星の謎の一つです。

ジュノーの重力計と磁気計MAGは、木星内部の情報を探り、コアの存在について教えてくれます。木星磁場は木星の内部を移動する流体が作るため、磁場から木星内部の状態が分かるのです。

46億年前に誕生した木星は、現在も変化している天体です。木星は1年に数cmずつ縮み、それとともに熱を放射して冷えつつあります。冷却の速度はおよそ100万年で1℃と見積もられます。ジュノーの赤外線などを利用する観測装置は、木星の発する熱を捉え、それによる木星の変化を調べます。

ジュノーの検出器のうち、高エネルギー粒子検出器JEDIは木星の磁気と相互作用する高エネルギーの電子とイオンを検出します。オーロラ分布実験装置JADEは電子とイオンのうち、JEDIよりもエネルギーの低いものに感度があります。波動計Wavesは木星の発する電波やプラズマ波を記録します。紫外線分光カメラUVSは木星のオーロラを紫外線領域で観測し、個々の紫外線光子のエネルギーを測定できます。一方、JIRAMはオーロラを赤外線で観測します。ジュノーカムは木星表面を撮像できるカメラです。木星表面の凄まじい高精度画像をどんどん生みだしています。

ジュノーの予算は2021年7月まで承認されているため、このときまでジュノーの観測は続きます。その後、計画の延長が認められなければ、ジュノーは木星の大気圏に突入する最期のミッションを行なうことになります。機体は燃え尽き、通信が跡絶えたとき、このミッションは終了します。

冥王星探査ミッション

太陽から遠く離れた冥王星

ニュー・ホライズンズ
New Horizons

7台の観測装置を持ち、動力源として原子力電池

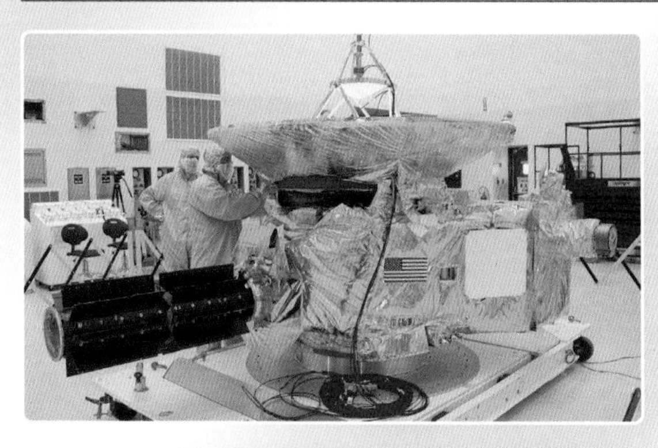

記者発表に備えるニュー・ホライズンズ。太陽電池パネルを持たない代わりに原子力電池(黒い棒)を備える。撮影:2005年11月4日、ケネディ宇宙センター。提供:NASA

主目的

冥王星を含む エッジワース= カイパー・ベルトの探査

打ち上げ/稼働

2006/01/19 19:00 (協定世界時)。2020年現在、運用中。太陽系脱出軌道。

開発国、組織

アメリカ

観測装置/観測手法

アリス(Alice)
ラルフ(Ralph)
　カラーカメラ(MVIC; Multicolor Visible Imaging Camera)
　線形エタロン分光撮像器
　(LEISA; Linear Etalon Imaging Spectral Array)
電波実験装置(REX; Radio Experiment)
長距離偵察カメラ
(LORRI; Long Range Reconnaissance Imager)
太陽風測定装置(SWAP;Solar Wind Around Pluto)
高エネルギー粒子分析器
(PEPSSI; Pluto Energetic Particle Spectrometer Science Investigation)
ヴェネチア・バーニー学生塵検出器
(VB-SDC; Venetia Burney Student Dust Counter)

ニュー・ホライズンズは「エッジワース＝カイパー・ベルト（p.89 POINT! 参照）」の探査を目的とする惑星間探査機です。

ニュー・ホライズンズの最重要観測対象である冥王星について解説しましょう。

冥王星の軌道長半径は39天文単位ですが、軌道がひしゃげた楕円形をしているので、太陽から49天文単位のところまで遠ざかります。この楕円軌道を冥王星は248年かけて巡ります。半径1188 km、質量は地球の0.2％しかないのに、5個もの衛星を持ち、それぞれカロン（英語の発音は「シャロン」に近い）、ステュクス、ニクス、ケルベロス、ヒドラと名づけられています。

冥王星から見た太陽の明るさは地球から見た太陽の約1000分の1のため、**冥王星の表面は温度－240℃～－210℃の極寒の世界です。**冥王星は主に岩と氷からできていて、表面は氷や固体メタン、固体窒素、固体一酸化炭素に覆われています。主に気体窒素からなる極微量の大気を持ち、圧力は1 Pa程度、つまり10^{-5}気圧程度です。

POINT! で述べたように、冥王星は1930年にクライド・トンボーによって発見されました。この暗く寒い天体の名前として、ローマ神話の地下世界の主「プルートー（Pluto）」を提案したのは、当時11歳の英国の少女ヴェネチア・バーニー（1918－2009）です。当時、冥王星は太陽系の9番目の惑星とされ、それに疑問を持つ人はいませんでした。

アメリカ人は、アメリカ人が発見した初の国産惑星として冥王星を愛し、その名は人口に膾炙（かいしゃ）し、ミッキーマウスの愛犬にもその名が使われるなど大衆文化に浸透しました。1941年に確認された新元素は「プルトニウム」と命名されました。

それから60年以上経つと、アルビオン（p.80 POINT! 参照）の発見をかわきりに、次々とエッジワース＝カイパー・ベルト天体が見つかりました。**冥王星は無数のエッジワース＝カイパー・ベルト天体の一つである**ことが次第に確実になりました。

そして2003年には「エリス」が発見されました。エリスは半径1200 kmなので、とうとう冥王星よりも大きな天体が発見されたことになります。（ただしエリスは軌道長半径が68天文単位、公転周期が561年で、標準的なエッジワース＝カイパー・ベルト天体よりも太陽から離れています。エリスは「散乱円盤天体」というまた別の天体グループに分類されます。）

ここで天文研究者は一つの選択を迫られました。エリスを10番目の惑星とするか、それともエリスは惑星と呼ばないことにするかという選択です。

もしエリスを惑星に含めるなら、このサイズの天体は全て惑星ということになり、今後太陽系にどんどん惑星が見つかるでしょう。

もしエリスのサイズの天体を惑星と呼ばないことにするなら、冥王星も惑星失格となり、太陽系の惑星は8個に減ります。

2006年、国際天文学連合の決議の結果、エリスは惑星と呼ばないことになりました。冥王星も惑星の座から降格になり、太陽系の惑星は8個になりました。（冥王星に愛着を持つアメリカ人はがっかりしました。)

国際天文学連合が採択した新しい惑星の定義は、

1. 太陽を周回し、

2. 十分大きな質量を持つために自己重力が固体としての力よりも勝る結果、重力平衡形状(ほぼ球状)を持ち、

3. その軌道近くから(衝突合体や重力散乱により)他の天体を排除した天体である

というものです。冥王星は3番目の条件を満たさないため、惑星ではないということになります。

ニュー・ホライズンズは2006年1月19日19時0分に打ち上げられ、2007年2月に木星によるスウィング・バイで加速した後、2015年7月に冥王星に接近し、通過しました。最接近の時刻は7月14日11時49分29秒、最接近距離は1万3700kmでした。

ニュー・ホライズンズは7台の観測装置を持ちます。アリスAliceは紫外線分光器で、天体が星や太陽を隠す「食」を利用して天体の大気成分を調べます。食の際には、天体の像の縁に大気が見えるので、大気がどんな成分を持ちどんな波長を吸収するか分かるのです。

ラルフRalphは可視光で撮像を行なうカラーカメラMVICと赤外線で分光と撮像を行なう線形エタロン分光撮像器LEISAからなります。

電波実験装置REXは地球の基地局との通信装置ですが、食を利用して大気成分の分析も行なうことができます。

長距離偵察カメラLORRIは可視光観測装置ですが、機体の位置と姿勢の測定にも利用されます。

太陽風測定装置SWAPと高エネルギー粒子分析器PEPSSIは高エネルギー粒子の検出器で、SWAPは比較的低いエネルギーに感度があり、PEPSSIは特に高いエネルギーに感度があります。

ヴェネチア・バーニー学生塵検出器VB－SDCはプラスチック製の板で、そこに飛行中に衝突した塵を測定する装置です。この装置は大学院生によって製作・運用されるという特色があります。装置の名は冥王星の命名者にちなみます。

ニュー・ホライズンズは動力源として原子力電池を用いています。太陽電池パネルは持っていません。エッジワース＝カイパー・ベルトは太陽から遠いため、太陽電池では電力が不足するのです。p.84の写真から、放射性物質を内蔵した原子力電池が機体に取りつけられている様子が分かります。

ニュー・ホライズンズは冥王星の観測を行なったのち、エッジワース＝カイパー・ベルト天体アロコス、旧称2014 MU69、旧愛称「アルティマ・スーレ」に接近し、観測を行ないました。最接近の時刻は2019年1月1日5時33分、最接近距離は3500 km、太陽からの距離は43天文単位でした。

アロコスはさしわたし30 kmの特異な形状の小天体で、2個の天体が合体して作られたと思われます。

ニュー・ホライズンズがアロコスを通過した後、さらに別の天体を観測するかどうかは、適切な天体が見つかるかどうかによります。

ニュー・ホライズンズは太陽系を脱出するだけの速度を持って

いるため、やがてはエッジワース＝カイパー・ベルトも散乱円盤天体も抜け、さらに遠くにあって太陽系を包み込んでいると考えられている「オールトの雲」も通過し、恒星間空間へ出ていきます。運用は2030年までは続く予定です。

POINT!

エッジワース＝カイパー・ベルト

エッジワース＝カイパー・ベルトとは、海王星よりも遠くにただよう小天体の群れです。無数の小天体が、太陽から30天文単位～55天文単位離れて、太陽を中心とするぼんやりした円盤状に分布しているのです。そういう天体集団の存在は、20世紀中ごろに、アイルランドの天文学者ケネス・エッジワース（1880－1972）とオランダ出身のアメリカの天文学者ジェラルド・カイパー（1905－1973）によって独立に提唱されました。

提唱されてからしばらくの間、エッジワース＝カイパー・ベルトは単なる仮説だったのですが、1992年に最初のエッジワース＝カイパー・ベルト天体「1992 QB1」が発見され、その存在が実証されました。後に「アルビオン」と改名されたその小天体は、公転周期が290年、軌道長半径は44天文単位で、冥王星よりも太陽から遠くにあります。現在では2000個以上のエッジワース＝カイパー・ベルト天体が発見されています。

しかし見方によっては、エッジワース＝カイパー・ベルト天体の第1号は、実は1930年に見つかっていたともいえます。アメリカの天文学者クライド・トンボー（1906－1997）によって発見された冥王星は、エッジワース＝カイパー・ベルト天体の一つだからです。

太陽系境界探査ミッション

太陽系の境界を探る

恒星間境界探査機 アイビクス

IBEX; Interstellar Boundary EXplorer

太陽圏の外から飛来する粒子を検出

アイビクス(右)と打ち上げ機構の一部(左)。
撮影：2008年8月7日、ヴァンデンバーグ空軍基地。提供：NASA/VAFB

主目的

太陽風と恒星間物質の相互作用を解明

打ち上げ／稼働

2008/10/19 17:47（協定世界時）。
2020年現在、運用中。地球周回軌道。

開発国、組織

アメリカ

観測装置／観測手法

低エネルギー粒子検出器(IBEX-Lo)
高エネルギー粒子検出器(IBEX-Hi)

星間境界探査機アイビクスは地球を周回する衛星ですが、研究対象は太陽系の境界という大変な遠方です。

宇宙空間は真空だといわれます。確かに恒星間空間は、真空ポンプを用いて作る真空よりも高度な真空で、その密度は1 cm^3 に水素原子が1個程度です。けれども1 cm^3 に水素原子が1個程度あれば、それは完全に空っぽというわけではなく、きわめてわずかな圧力があります。恒星間物質による圧力です。

一方、太陽風、つまり太陽から発する高エネルギー粒子は、数百km/sという猛烈な速度で広がっていきます。太陽から遠く離れた冥王星やエッジワース＝カイパー・ベルトの辺りまで来ても、太陽風はほとんど減速しません。ただし密度と圧力は低くなります。

恒星間物質よりも太陽風の圧力が低くなると、太陽風は恒星間物質の圧力に負けて急激に減速します。

この、太陽風と恒星間物質が衝突するところは「衝撃波面」と呼ばれます。衝撃波面は卵形に太陽を包んでいます。地球や冥王星やエッジワース＝カイパー・ベルトを含む大きな卵です。**衝撃波面の内側、恒星間物質よりも太陽風の圧力の方が大きい領域は「太陽圏」と呼ばれます。**

アイビクスは低エネルギー粒子検出器IBEX－Loと高エネルギー粒子検出器IBEX－Hiを備え、太陽圏の外、太陽系と恒星間空間の境界から飛来する粒子を検出します。

アイビクスはこれまで、太陽圏の外から飛来する粒子を検出し、境界のマップを作成し、太陽風が境界で反射されて戻ってくる成分があることを発見するなどの成果を上げています。

太陽系境界探査ミッション

人類史上最遠の旅

ボイジャー１号
Voyager 1

木星の衛星イオに活火山を発見

木星の衛星イオの活火山。
提供：NASA

主目的

木星と土星の探査。後に、太陽圏の境界の探査

打ち上げ／稼働

1977/09/05 12:56（協定世界時）。2020年現在、運用中。太陽系脱出軌道。

開発国、組織

アメリカ

観測装置／観測手法

宇宙線観測装置(CRS; Cosmic Ray Subsystem)
撮像観測装置(ISS; Imaging Science Subsystem)
赤外線干渉分光放射計
(IRIS; Infrared Interferometer Spectrometer and Radiometer)
低エネルギー荷電粒子検出器
(LECP; Low-Energy Charged Particles)
磁気計(MAG; Magnetometer)
偏光計(PPS; Photopolarimeter Subsystem)
電波望遠鏡(PRA; Planetary Radio Astronomy)
プラズマ観測装置(PLS; Plasma Science)
プラズマ波動観測装置
(PWS; Plasma Wave Subsystem)
紫外線分光器(UVS; Ultraviolet Spectrometer)

ボイジャー1号とボイジャー2号（p.94）は大きな成果を上げた成功ミッションです。ボイジャー1号は1977年9月5日12時56分に、2号は1977年8月20日14時29分に打ち上げられ、なんと40年以上経った現在も2機とも元気に運用中です。

2機の主要な目的は木星と土星の探査でした。1号は1979年3月5日に、2号は1979年7月9日に木星へ最接近しました。

土星への最接近は、1号が1980年11月12日、2号が1981年8月25日です。

ボイジャー1号の多数の成果の一つに、木星の衛星イオに活火山を発見したことがあります。イオの火山は木星周辺の宇宙空間にガスを噴出し、他の衛星や木星に影響を与えています。

またボイジャー1号は木星の輪を発見しました。2号は後に土星の他、天王星と海王星にも輪を発見し、惑星の輪は太陽系内でありふれた存在であることが分かりました。

ボイジャー1号は土星観測の後、太陽圏の限界とさらにその先の探査を目標にし、現在は太陽から約150天文単位離れたところを飛んでいます。観測データがボイジャー1号から地球に届くまで20時間かかります。

ボイジャー1号（と2号）の軌道は太陽を周回する楕円軌道ではありません。太陽の重力を振り切り、太陽系を脱出する軌道です。

2004年12月16日前後、ボイジャー1号が太陽から94天文単位離れたとき、空間中の高エネルギー荷電粒子の増加が検出されました。太陽風の端の衝撃波面に到達したためと考えられます。ここまで来た人類の工芸品は1号が初です。

太陽系境界探査ミッション

天王星と海王星を探査

ボイジャー２号

Voyager 2

天王星と海王星の輪を発見

試験中のボイジャー2号。撮影：1977年3月23日。提供：NASA/JPL-Caltech

主目的

木星と土星、さらに天王星と海王星の探査。後に、太陽圏の境界の探査

打ち上げ／稼働

1977/08/20 14：29（協定世界時）。2020年現在、運用中。太陽系脱出軌道。

開発国、組織

アメリカ

観測装置／観測手法

宇宙線観測装置（CRS; Cosmic Ray Subsystem）
撮像観測装置（ISS; Imaging Science Subsystem）
赤外線干渉分光放射計（IRIS; Infrared Interferometer Spectrometer and Radiometer）
低エネルギー荷電粒子検出器（LECP; Low-Energy Charged Particles）
磁気計（MAG; Magnetometer）
偏光計（PPS; Photopolarimeter Subsystem）
電波望遠鏡（PRA; Planetary Radio Astronomy）
プラズマ観測装置（PLS; Plasma Science）
プラズマ波動観測装置（PWS; Plasma Wave Subsystem）
紫外線分光器（UVS; UltraViolet Spectrometer）

ボイジャー2号はボイジャー1号と同型の探査機です。1号の解説（前項）で述べたように、1977年8月20日14時29分に打ち上げられ、現在も運用中です。

1号と同じく木星と土星を探査しましたが、その後1号と進路を分かち、天王星と海王星の探査に向かいました。

天王星には1986年1月24日に最接近しました。このときの観測によって、天王星も輪を持つことが判明しました。また11個の衛星が発見されました。

海王星には1989年8月25日に最接近し、やはり輪を発見しました。**太陽系内の巨大惑星はどれも輪を持つことが分かりました。**

天王星は質量が地球の14.54倍、赤道半径が4倍の巨大惑星です。また海王星は質量が地球の17.15倍、赤道半径は3.9倍です。

ただしこの2惑星は成分に水を多く含み、ほぼ水素とヘリウムからなる木星や土星とその点がちがいます。**天王星と海王星は「巨大氷惑星」とも呼ばれます。**

ボイジャー2号は2007年8月に衝撃波面を通過しました。太陽から84天文単位の距離でした。

衝撃波面の距離が1号と2号でちがうのは、進む方向がそれぞれ異なるからです。衝撃波面は卵の殻に近い形状で太陽を囲むので、方向によって衝撃波面の内径がちがいます。

現在ボイジャー2号は太陽から120天文単位の距離にあって、16 km/sの速度で太陽系を脱出しつつあります。

衝撃波面は、太陽風と星間空間のガスの衝突現場です。ただしその辺りの物質は、恒星間空間のガスよりも、太陽風がよどんで溜まったものが主成分です。**それよりさらに外の、本物の恒星間ガスの領域は「ヘリオポーズ」と呼ばれます。**ボイジャー１号も2号もまだヘリオポーズまで到達していません。

もし、太陽から数千天文単位～１万天文単位離れた「オールトの雲」と呼ばれる無数の小天体までを太陽系の範囲とみなすなら、ボイジャー１号と２号が本当に太陽系から脱するまでには2800年ほどかかります。

ボイジャー１号と２号に搭載された10台の観測装置のうち、現在稼働して観測データを送信しているのは4台です。宇宙線観測装置CRS、低エネルギー荷電粒子検出器LECP、磁気計MAG、プラズマ波動観測装置PWSです。メンテナンスも修理もなしに40年以上機能しているとは驚異的な耐久性です。他の装置もほとんどは電源を切っているだけで、故障しているわけではありません。

これらの観測装置と探査機本体は、ニュー・ホライズンズと同様に、原子力電池によって駆動されています。太陽から遠く離れると、太陽電池では電力が不足するためです。

人類の作った物体のうち、もっとも遠くを旅するボイジャー１号と２号ですが、宇宙人への手紙を携えていることでも有名です。将来、異星の知的生命体に発見されるという期待をこめて、様々な言語や音が記録された金属レコードが積まれています。裏面には地球の位置や男女の姿が刻まれています。アメリカの天文研究者カール・セイガン（1934－1996）の発案によるものです。

ただしボイジャー１号も２号も、まだ太陽系の中庭をうろうろしているので、宇宙人に読まれるのは先のことでしょう。

Chapter

2

宇宙を探る天文台・衛星

電磁波はその波長によって性質が異なり、波長の長いものから順に電波、赤外線、可視光、紫外線、X線、ガンマ線と分類されています。
この章では電磁波の観測装置を電波から順に、どのような原理を用いて何を観測するのか、解説しましょう。大小無数に存在する望遠鏡の全部を紹介することはできないので、ここでは、最大のもの、最高性能のもの、最新のものなど、各波長を代表する望遠鏡を紹介します。

電波観測装置

世界最大口径の電波望遠鏡

ロシア科学アカデミー電波天文望遠鏡ラタン600

RATAN-600;Radio Astronomical Telescope Academy Nauk of Russia

天体を追尾しない特殊な光学系

ラタン600遠景。撮影：2011年9月11日。提供：Sergei Trushkin

主目的

天体および太陽の電波観測

打ち上げ／稼働

1974/07/12（モスクワ時間）。
2020年現在、運用中。

開発国、組織

ソ連

観測装置／観測手法

副鏡1（Secondary　Mirror No.1）
副鏡2（Secondary　Mirror No.2）
副鏡3（Secondary　Mirror No.3）

電波は波長がだいたい0.1mm ＝ 10^{-4}mより長く、振動数がだいたい3THz ＝ 3×10^{12}Hzより低い電磁波です。電波天文学は天体からの電波を観測する天文学分野であり、電波望遠鏡はその道具です。

電波と可視光という2種の電磁波は、他の電磁波とちがって、大気を透過するという特質があります。そのため、可視光観測装置と電波観測装置は、地上に設置して天体観測ができます。（他の電磁波は、基本的に、ロケットなどを用いて観測装置を大気の外に持ち出す必要があります。）地上に設置できるため、電波望遠鏡と可視光望遠鏡は大小無数に存在し、全部を紹介することは困難です。

電波望遠鏡には様々な原理と形状のものがあります。典型的なタイプは、天体からの電波を皿形の板（反射鏡）で反射し、受信機に集光し、電波を電気信号に変えて強度を測定するというものです。**皿は面積が広いほど望遠鏡の感度が高くなり、微弱な電波も検出できます。また皿が大きいほど角度分解能も原理的には良くなるので、天体の細かい構造も観測することができます。**ただし、角度分解能を良くするには単に大きい皿を用意するだけではなく、皿の形状精度や天体追尾性能など、様々な性能を全て向上させる必要があります。

電波を放射する天体が（太陽以外に）存在することが分かったのは1932年のことです。アメリカのベル研究所の研究者カール・ジャンスキー（1905－1950）は、天の川銀河方向から太陽電波よりも強い電波がやってくることを見出しました。ジャンスキーは天文学者ではなく、電波通信の障害となる電波雑音の正体を調べていたのです。

ジャンスキーの発見を受けて、直径9mの皿形反射鏡を備える世界初の電波望遠鏡を自作し、天体観測を始めたのは、アメリカ人のアマチュア無線技師グロート・リーバー（1911－2002）で、1940年のことです。リーバーもまた職業的な天文学者ではありませんでした。天文研究者は電波天文学の可能性に最初は気づかなかったようです。リーバーは世界初の電波天体マップを作製しました。そこには天の川銀河、はくちょう座A（Cyg A）、カシオペヤ座A（Cas A）といった電波天体が現われていました。カシオペヤ座Aはぼやっと広がる雲のような電波天体で、約300年前の超新星爆発の残骸です。はくちょう座Aはここから約8億光年離れた「電波銀河」です。

ロシア科学アカデミー電波天文望遠鏡ラタン600は反射鏡の直径が540mある世界最大の電波望遠鏡です。ただし反射鏡は皿形ではなくリング状で、これは皿の縁の部分に相当します。リングで反射された電波はリング中心付近にある副鏡（写真参照）に反射し、受信機に導かれます。1台の副鏡はリングの4分の1周からの反射電波を受信します。リングの全周を同時に使う運用は現在行なわれていません。

太陽電波観測も行ないますが、通常の副鏡を使って電波を一点に集めると、熱で受信機が融けてしまうので、平面の副鏡を使い焦点をぼかします。

地球の自転につれて、天体の位置は1時間に約15°ずつずれていきます。これを「日周運動」といいます。そのため、通常の望遠鏡は1時間に15°ずつ方向を変えて天体を追尾する機能を備えています。ラタン600の場合は日周運動の追尾を行なわず、1時間に15°の速度で天を走査観測します。超新星残骸のような大きな電波天体の構造の研究や、特定の天体を毎日1回モニタ観測して強度変化を調べるといった研究に向いています。

ラタン600はロシア科学アカデミー特別宇宙物理学研究所の研究施設です。ソ連時代に建設され、1974年7月12日（モスクワ時間）に初観測を行ないました。世界最大の反射鏡直径という記録を40年以上保持しています。その間、ソ連の崩壊、経済危機などを乗り越え、研究施設として存続し続けました。

筆者らはラタン600のチームとブラック・ホール連星系の共同研究を行ない、特別宇宙物理学研究所を日本人として初めて訪問しました。ラタン600は牧草地に建設されています。反射鏡内に牛がいる電波望遠鏡はおそらく世界でここだけでしょう。

太陽観測用の副鏡。太陽光の収束を避けるため平面鏡が用いられている。位置は固定されているが、角度は変えられる。
撮影：2005年11月3日、筆者による。

天体観測用の副鏡。レール上におかれ、移動できる。副鏡で反射した電波は下の観測小屋内の受信機に集光する。
撮影：2005年11月3日、筆者による。

電波観測装置

視力35万の電波望遠鏡

超長基線アレイ VLBA

VLBA; Very Long Baseline Array

「活動銀河核」や「宇宙ジェット」を観測する

カリブ海のセントクロイ島にあるVLBAのアンテナ局。セントクロイ島局と太平洋のハワイ島局の距離は8611kmで、これがVLBAの最大の基線長。ただしセントクロイ島局は2017年のマリア・ハリケーンで故障し、2020年現在修理中。
提供：NRAO/AUI/NSF(CC BY 3.0)

主目的

電波天体の高位置分解能観測

打ち上げ／稼働

1993/05/29（協定世界時）。
2020年現在、運用中。

開発国、組織

アメリカ

観測装置／観測手法

超長基線電波干渉計
(VLBI; Very Long Baseline Interferometry)

望遠鏡は、反射鏡やレンズが大きいほど、対象を（原理的には）細かく観測できます。**望遠鏡の「角度分解能」、つまり細かいものを観測する能力は、観測する波長を反射鏡またはレンズの大きさで割れば見積もれます。**

例えば波長1cmの電波を直径1mの反射鏡を用いて観測すると、その角度分解能は最高で0.01 rad（ラジアン）、つまり0.6°程度になります。この望遠鏡は、2個の電波源が0.6°以上離れていれば、1個の電波天体ではなく2個だと判別（分解）する能力を持ちます。

ただしこの見積もりは理想的な望遠鏡の値で、実際の分解能は、反射鏡の鏡面精度や大気による散乱など様々な要因によって、この値よりも低くなります。

ともあれ、高い角度分解能を得るためには大きな反射鏡（皿）が必要です。

電波干渉計は、巨大な一つの反射鏡を建設するかわりに、普通サイズのアンテナを離れた場所に設置して、それらを一つの反射鏡のように用い、高い角度分解能を達成する電波望遠鏡です。干渉計のうち特に、アンテナ間の距離（基線）が数百kmもあるようなものを超長基線電波干渉計VLBIといいます。

超長基線アレイVLBAは、アメリカの国内の10台のアンテナを組み合わせたVLBIです。中でも太平洋に浮かぶハワイ島マウナ・ケア局とカリブ海バージン諸島のセントクロイ島局を結ぶ基線は8611kmもあります。アメリカは遠洋にも領土を持つので、国内のアンテナ局だけで地球サイズの電波干渉計を建設できるのです。

VLBAの最初のアンテナ局は1986年にニュー・メキシコ州のパイ・タウンにて建設が開始されました。1993年に10台目のアンテナ局がハワイ島マウナ・ケア山頂に完成し、1993年5月29日に初めて10台全てが参加する観測が行なわれました。

VLBAは0.17ミリ秒(角)(mas)という凄まじい角度分解能を持ちます。

まずこの能力を表わす「ミリ秒(角)」という単位について説明する必要があるでしょう。

POINT!

ミリ秒(角)

角度の単位名は正式には「分」、「秒」なのですが、時間の単位と同じで混乱をまねくので、本書では「分角」「秒角」と表記します。この単位は天文学業界ではしばしば使われますが、おそらくほとんどの人類には馴染みがないと思われます。1°の60分の1の角度を1分(角)(arcminute)と呼び、さらに1分角の60分の1を1秒(角)(arcsecond)と呼びます。1秒角のさらに1000分の1は1ミリ秒(角)(milliarcsecond)と呼び、略して1mas(マス)などと発音します。つまり1masは1°の360万分の1です。分解能0.17masというと、大阪においた文庫本が東京から読めるくらいです。視力に直すと35万です。

VLBAは周波数0.3GHz～96GHz、波長にして1m～3mmの範囲の電波に感度があります。基線8611kmの干渉計で波長3mmの電波を観測すると、その角度分解能は原理的には0.075masとなりますが、現実には0.17masが最高のようです。

VLBAはこの最高角度分解能でありとあらゆる天体を子細に観

察できるかというと、そうでもなくて、まず対象天体は複数のアンテナ局から観測しやすい角度で同時に見えないといけません。さらに、最高性能がフルに発揮される観測対象は、波長の短い電波を強く放射し、しかも細かい構造を持つ天体ということになります。

そんな特殊な天体がはたして宇宙に存在しているのかというと、それがいるのです。例えば、「活動銀河核」や「宇宙ジェット」と呼ばれる宇宙物理現象です。VLBAをはじめとするVLBIの格好の観測対象です。

宇宙に浮かぶ無数の銀河は、中心部に太陽質量の数百万倍〜数百億倍の超巨大ブラック・ホールを持っていると考えられています。**そういう超巨大ブラック・ホールに周囲の恒星などの物質が流れ込むと、流れ込む過程で物質は超高温になり、可視光やX線などを強く放射します。そういう状態の超巨大ブラック・ホールは活動銀河核と呼ばれ、宇宙物理学の重要な研究対象です。**

活動銀河核の中には、流れ込む物質の一部を外に噴射するものがあります。噴射された物質は細い噴流となって、ホースから飛び出す水のように、何千光年も飛んでいきます。こうした噴流は宇宙ジェットと呼ばれます。

活動銀河核のエンジンとして働いている超巨大ブラック・ホールはどうやって生まれたのか、宇宙ジェットはどういう機構で噴射されているのかは、まだよく分かっていません。VLBIなどを用いる観測的研究は続きます。

電波観測装置

惑星の誕生する瞬間を見る

アルマ望遠鏡

ALMA; Atacama Large Millimeter/submillimeter Array

原始星や原始惑星系は格好の研究対象

アルマ望遠鏡を構成するアンテナ群(建設中)。
提供:Ariel Marinkovic、ALMA(ESO/NAOJ/NRAO)(CC BY 4.0)

主目的

電波(ミリ波・サブミリ波)天体の高感度・高位置分解能観測

打ち上げ/稼働

2011/09/30(協定世界時)(科学観測開始)。
2020年現在、運用中。

開発国、組織

アメリカ、日本、ESO(16カ国)

観測装置/観測手法

電波干渉計

アルマ望遠鏡は南米チリのアタカマ砂漠に建設された電波干渉計です。電波の中でも周波数80 GHz ～ 950 GHz、すなわち波長3.7 mm ～ 0.32 mmの範囲に感度があります。波長が数mmの電波は「ミリ波」、1 mm未満0.01 mm程度以上は「サブミリ波」と呼ばれます。

すでに述べたように、電波望遠鏡や電波干渉計の角度分解能は、反射鏡や基線長が大きいほど、観測波長は短いほど良くなります。そこで基線を極端に長くしたものがVLBIというわけですが、一方、ミリ波やサブミリ波といった短い観測波長を選んだのがアルマ望遠鏡です。

ミリ波やサブミリ波は空気中の水蒸気によって吸収されるため、望遠鏡の設置場所として望ましいのは空気が薄くて乾燥しているところです。チリのチャナントール高原は標高が5000 m、アタカマ砂漠の真ん中にあって、ミリ波・サブミリ波の観測にうってつけです。ここにアルマ望遠鏡ことアタカマ大型ミリ波・サブミリ波アレイ（ALMA; Atacama Large Millimeter/submillimeter Array）を建設する決議が、2001年にアメリカ国立電波天文台NRAOとヨーロッパ南天天文台ESO、日本の国立天文台の間で採択されました。

建設は2004年に始まり、2011年に一部のアンテナが観測可能になり、2013年には66台の全アンテナを用いて本格運用が始まりました。科学観測の開始された2011年9月30日を稼働開始の日付としておきます。

アルマ望遠鏡は口径12 mのアンテナ54台と7 mのアンテナ

12台を並べた電波干渉計です。感度はもちろんこの波長域で世界最高です。アンテナ間の距離は最長16 km、角度分解能は最高20 masです。

研究者がミリ波・サブミリ波の観測に期待する理由は、優れた角度分解能だけではありません。この波長域の観測によって明らかとなる様々な宇宙物理現象があるのです。

例えば、**水分子や炭素イオンや酸素イオンといった分子やイオンは、ミリ波やサブミリ波のアンテナのような働きがあり、そういう電波を放射したり吸収したりします。**（この働きのため、空気中の水分子はミリ波やサブミリ波の観測の邪魔になるのです。）したがってこの波長域を観測することにより、天の川銀河内や遠方銀河内の水や炭素や酸素の分布やそこの環境を高角度分解能で調べられます。またそういう分子が速度を持って運動していると、ドップラー効果で波長がずれるため、これを利用して宇宙膨張や「風速」を測ることができます。

また例えば、**宇宙空間に渦巻くガスや塵の雲は、ミリ波やサブミリ波を放射して明るく輝きます。**宇宙空間は真空といってよいですが、ごくわずかな塵や希薄なガスがただよっています。これが何かの拍子に集まって、濃い雲を形成し、渦巻くことがあります。ただし「濃い」といっても、それは宇宙空間の真空に比べた場合で、地球上の真空ポンプの作る人工真空よりもずっと希薄です。

そうした濃い雲は、ミリ波やサブミリ波を放射しながら自分の重力で縮み、ますます濃く重くなり、ついには恒星や惑星を生みだします。原始星や原始惑星系はアルマ望遠鏡の格好の研究対象です。

図に示したのはアルマ望遠鏡の捉えた惑星形成現場「おうし座HL星」です。生まれたばかりの原始星をガスや塵からなる円盤が取り巻いています。**円盤の暗い輪はガスや塵の存在しない部分で、ここに惑星が形成されつつあることを示します。**

ガスや塵が原始星を円盤のように取り巻き、さらに凝縮して惑星が誕生するという惑星系形成シナリオは、理論的には正しいと考えられてきましたが、実際にその現場が目に見える形で示されることはこれまでありませんでした。それがアルマ望遠鏡の力により、こうしてはっきりと実証されました。この写真に多くの研究者が衝撃を受け、感激しました。

またアルマ望遠鏡は、次に紹介するイベント・ホライズン・テレスコープにもアンテナ局として参加し、楕円銀河M87の超巨大ブラック・ホールの撮像に成功しました。

アルマ望遠鏡で撮像したおうし座HL星。原始星（若い恒星）をガスや塵からなる円盤が取り巻いている。円盤の暗い輪はガスや塵の存在しない部分で、ここに惑星が形成されつつある。提供：ALMA(ESO/NAOJ/NRAO)（CC BY 4.0)

電波観測装置

世界6地点8台の電波望遠鏡を組み合わせる

イベント・ホライズン・テレスコープ

Event Horizon Telescope

最重要ターゲットはM87*とSgr A*

アンテナの一つ、アタカマ・パスファインダー・エクスペリメントAPEX。撮影：2013年2月、Carlos Duran、Michael Dumke。提供：Michael Dumke（APEX/European Southern Observatory）

主目的

超巨大ブラック・ホールの撮像

打ち上げ／稼働

2017/04/06（協定世界時）（M87*観測）。2020年現在、運用中。

開発国、組織

アメリカ、オランダ、カナダ、スペイン、台湾、ドイツ、日本、フランス、メキシコ、EAO加盟国

観測装置／観測手法

超長基線電波干渉計
(VLBI; Very Long Baseline Interferometry)

イベント・ホライズン・テレスコープは、世界6地点8台の電波望遠鏡を組み合わせ、1台の巨大・超高角度分解能の電波干渉計として用いるプロジェクトです。8台の中には前述のアルマ望遠鏡やVLBAに属するアンテナも含まれます。

8台は元々電波干渉計として組み合わせる予定のアンテナではなかったので、イベント・ホライズン・テレスコープの実現のためには、様々な技巧と労力が必要でした。チームは新たな周波数標準を製作し、アンテナによっては新たな受信機を製作し、1回の観測で1PByte（ペタバイト）にも達する膨大なデータを処理するシステムを開発する必要がありました。

2020年現在もアンテナ局は増えつつあり、イベント・ホライズン・テレスコープは成長中です。

ブラック・ホールはきわめて強い重力を持つ天体です。物体がブラック・ホールに近づきすぎると、そこからの脱出速度が光速を超え、物体も光も脱出できなくなります。この後戻りできない境界面は「事象の地平線」「イベント・ホライズン」と呼ばれます。イベント・ホライズン・テレスコープは超巨大ブラック・ホール近傍を超高角度分解能で観測し、イベント・ホライズンを撮像することを目的とします。

その最重要ターゲットは、楕円銀河M87の中心にある超巨大ブラック・ホールM87*と、天の川銀河の中心にある超巨大ブラック・ホール「Sgr A*」です。Sgr A*は「サジテリウス・エー・スター」とか「サジ・エー」などと発音されます。

M87は5500万光年離れた巨大な楕円銀河で、長さ4000光年におよぶ宇宙ジェットを持つことで知られています。M87銀河全体と、中心部の超巨大ブラック・ホールを区別するため、後者は「*」をつけて「M87*」と表記します。

2017年4月にイベント・ホライズン・テレスコープはM87*を観測し、イベント・ホライズン近傍を撮像しました。これをイベント・ホライズン・テレスコープの最初の観測の日付としておきます。

このときは波長1.3 mmを用い、25マイクロ秒角の角度分解能を達成しました。1マイクロ秒（角）（microarcsecond）は前述（p.104 POINT! 参照）の1ミリ秒角の1000分の1です。1 μasなどと表記します。25マイクロ秒角の角度分解能は500 km離れたところにおかれた50 μmの物体が識別・分離できます。大阪におかれた髪の毛の太さが東京から測れます。

図に、2017年4月11日に撮像された超巨大ブラック・ホールM87*を示します。オレンジ色のドーナツ型はブラック・ホールを取り囲む光の殻です。ブラック・ホール本体はドーナツの穴の中に位置し、そのイベント・ホライズンの半径は3.8 ± 0.4マイクロ秒角、すなわち約100億kmと見積もられます。超巨大ブラック・ホールの質量は太陽質量の（6.5 ± 0.7）× 10^9倍と求められました。**太陽の65億倍です。この外側にはM87という銀河が広がっていますが、この超巨大ブラック・ホールは銀河に含まれる恒星の質量に匹敵することになります。**

それにしても宇宙物理学の歴史においては、ブラック・ホールがはたして実在するのかどうか、長いこと議論されていたわけですが、それが最近実在の決定的な証拠が次々と見つかり、ついにはこうして撮影されたわけです。

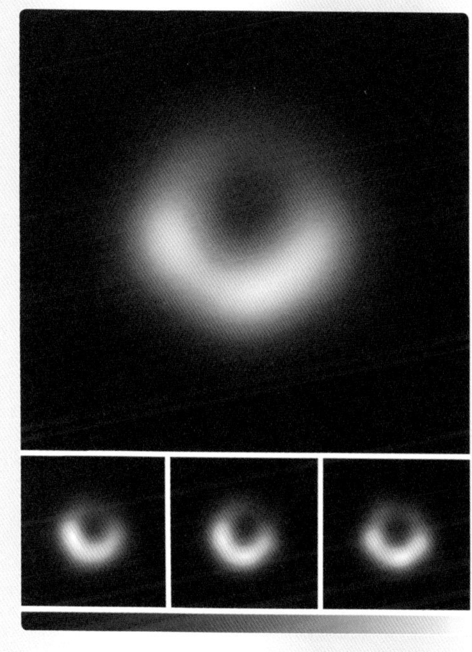

2017年4月11日に撮像された楕円銀河M87の超巨大ブラック・ホール。オレンジ色のドーナツ型はブラック・ホールを取り囲む光の殻。ブラック・ホール本体はドーナツの穴の中に位置する。
提供：The Event Horizon Telescope Collaboration (CC BY 3.0)

口径4.1mの赤外線望遠鏡

可視光・赤外線天文望遠鏡 ヴィスタ

VISTA; Visible and Infrared Survey Telescope for Astronomy

広い領域を観測し、多くの天体を同時に調べる

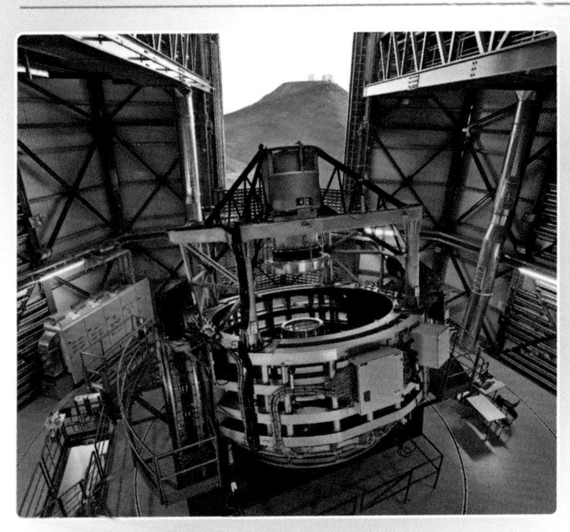

日中、ドームを開けたときのヴィスタ。隣の山頂にはVLTが見える。
提供：G.Hüdepohl/ESO (CC BY 4.0)

主目的

可視光・赤外線サーベイ観測

打ち上げ／稼働

2009/10/15(実証観測開始)。
2020年現在、運用中。

開発国、組織

UK

観測装置／観測手法

赤外線カメラ(VIRCAM; VISTA IR Camera)
多天体分光器
(4MOST; 4-Metre Multi-Object Spectroscopic Telescope)

電磁波のうち、波長がだいたい0.77μm～100μmの範囲のものを「赤外線」と呼びます。波長が可視光よりも長く、ヒトの視細胞を刺激しないため、見えません。波長2μm程度以下の比較的波長の短い赤外線を「近赤外線」、25μmより長いものを「遠赤外線」と呼びます。

よく知られているように、太陽の白色光は様々な波長の単色光の混合です。一番波長の短い色は紫、一番波長の長い端は赤です（p.117 POINT! 参照）。その間を波長の連続的に異なる色（スペクトラム）が埋めます。（日本人は可視光のスペクトラムを「虹の七色」と呼んで、紫、藍、青、緑、黄、橙、赤に分類します。しかし虹を何色（なんしょく）に分類するかは文化によってちがいがあります。）

1800年、ドイツ出身の英国の天文学者ウィリアム・ハーシェル（1738－1822）は、太陽光をプリズムで分光し、どの色がよく太陽熱を運ぶのか、温度計で調べました。ハーシェルが赤の外れ、光の当たっていないように見える箇所に温度計を当てると、温度が上昇しました。そこを目に見えない光線が照らしているのです。太陽光に含まれる、目に見えない光線「infrared」の発見です。直訳すると「赤下線」ですが、日本語に訳すときに「赤外線」という字が当てられました。

目に見えない光の発見により、ヒトの目が知覚できるのが世界のほんの一部であることが分かりました。他の波長で見れば、世界は別の姿を現わすのです。ハーシェルの発見は宇宙を一挙に広げたといえます。

赤外線で宇宙を観測すると、様々な天体が赤外線で明るく輝いています。太陽はハーシェルによって最初に発見された赤外線天体といえますが、**太陽系にはその他に惑星や小天体が赤外線で見えます。**比較的低温の物体は、温度に応じた赤外線を放射します。

太陽系の外に赤外線望遠鏡を向けると、恒星になりそこなった「褐色矮星」、塵や分子雲、星になろうとしているガスや塵の塊、星生成が活発で赤外線銀河と呼ばれる銀河、宇宙論的遠方の活動銀河核などが見えます。

ただし赤外線は当然肉眼では観測できません。宇宙からの赤外線を観測するには、赤外線に感度を持つ写真乾板やCCDなどの撮像素子を望遠鏡の焦点面に取りつけます。

また、大気中の水分子や二酸化炭素分子などは赤外線を吸収したり放射したりするため、天体観測の邪魔になります。波長によってはまったく大気を透過せず、地表に届きません。赤外線望遠鏡は、標高の高い乾燥した地点に設置するか、いっそ人工衛星などに搭載して大気圏外におくなどすることが望まれます。

可視光・赤外線天文望遠鏡ヴィスタは直径4mの世界最大の主鏡と「準リッチー・クレチアン光学系」を持つ近赤外線望遠鏡です。1998年にUKの大学連合によって建造が決定され、チリ北部のパラナル山山頂にあるヨーロッパ南天天文台パラナル山観測所に建設されました。2009年には赤外線カメラVIRCAMを用いる観測が開始されました。

2020年現在、カセグレン焦点面に設置されているVIRCAMは、波長0.8μm～2.8μmに感度のある、直径1.65°という大型望遠鏡としては異例の広さの視野を持つカメラです。また別の検出器として、多天体分光器4MOSTの開発が進められています。

ヴィスタは「補償光学」と呼ばれる技術で撮像性能を強化しています。補償光学についてはp.129のPOINT!で解説します。

ヴィスタの広視野はサーベイ観測に適しています。サーベイ観測は、単一の天体を観測対象とするのではなく、空のある程度広い領域を観測し、そこに含まれる多くの天体を同時に調べる研究手法です。いくつものサーベイ・プログラムがヴィスタを用いて実行されています。

POINT!

電磁波

可視光は電磁波の一種です。ヒトの視細胞は（遺伝で決まる個人差がありますが）波長380 nm ～ 770 nmの電磁波に感度があり、そのためこの範囲の電磁波は可視光と呼ばれます。（1 nmは100万分の1 mm。）可視光の範囲を振動数で表わすと790兆Hz ～ 390兆Hzです。しつこくいうと、790兆Hz = 790 THz = 7.9×10^{14} Hz、390兆Hz = 390 THz = 3.9×10^{14} Hzです。

電磁波は、波長の長いものから順に電波、赤外線、可視光、紫外線、X線、ガンマ線と分類されています。ただし、これらの分類の境界は曖昧で、例えばある振動数の電磁波が場合によってX線と呼ばれたりガンマ線と呼ばれたりすることがあります。

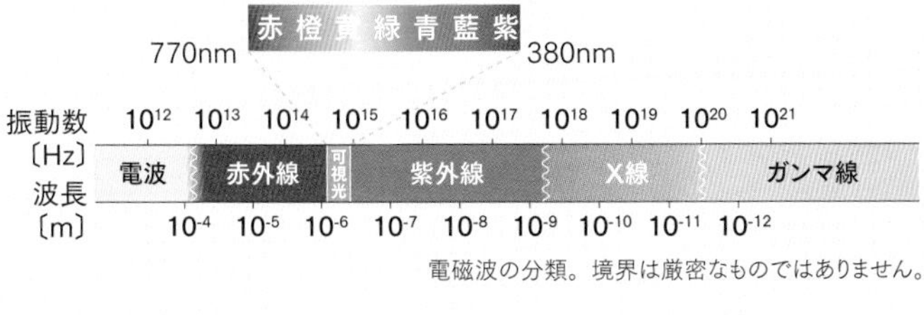

電磁波の分類。境界は厳密なものではありません。

宇宙に浮かぶ赤外線天文台

スピッツァー宇宙望遠鏡
Spitzer Space Telescope

16年5ヵ月の長期運用

別名：赤外線宇宙望遠鏡（SIRTF; Space InfraRed Telescope Facility）

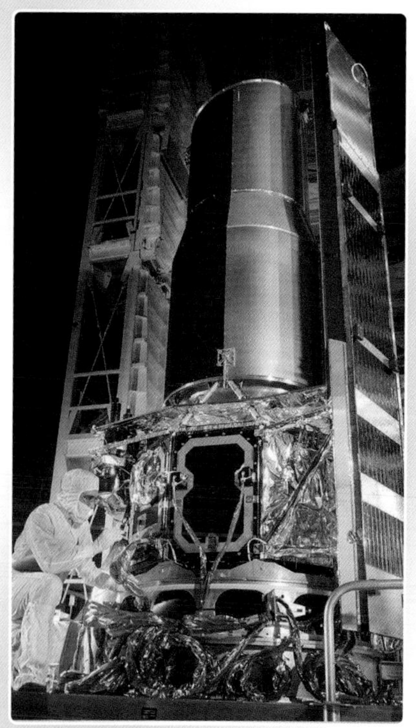

主目的

赤外線天文学

打ち上げ／稼働

2003/08/25 05:35（協定世界時）。
運用終了：2020/01/31 10:30（協定世界時）。人工惑星軌道。

開発国、組織

アメリカ

観測装置／観測手法

赤外線カメラ・アレイ
(IRAC; Infrared Array Camera)

赤外線分光器
(IRS; Infrared Spectrograph)

多波長撮像光度計
(MIPS; Multiband Imaging Photometer)

最終調整を受けるスピッツァー宇宙望遠鏡。
撮影：2003年3月19日、カリフォルニア州のロッキード・マーチン太陽・天体物理学研究所にて。提供：NASA

ライマン・スピッツァー・ジュニア（1914－1997）はアメリカの宇宙物理学者です。星間物理学、プラズマ物理学、原子核物理学など広い分野に貢献しました。（筆者もスピッツァーの執筆した教科書『星間物理学』を読んで勉強しました。）1946年、まだ人工衛星が存在しないときに、望遠鏡を宇宙に打ち上げることを提案しました。

1965年、スピッツァーはアメリカ科学アカデミーの宇宙望遠鏡を検討する委員会の委員長となりました。今でこそ宇宙望遠鏡は天文学に必要不可欠な道具ですが、当時は、宇宙望遠鏡が地上の天文台の予算を圧迫することを危惧する天文学者もいました。スピッツァーは天文学業界を説得して回りました。そして1968年には最初の軌道天文台OAO－2（Orbiting Astronomical Observatory 2）が打ち上げられ、1990年にはハッブル宇宙望遠鏡（p.122）が軌道に乗せられました。

NASAの赤外線宇宙望遠鏡SIRTFは2003年8月25日5時35分に打ち上げられました。4カ月後、ライマン・スピッツァー・ジュニアの先見の明（めい）と貢献を讃えて、SIRTFはスピッツァー宇宙望遠鏡と改名されました。

スピッツァー宇宙望遠鏡は口径85 cmのベリリウムの主鏡を持ちます。焦点面検出器として赤外線カメラ・アレイIRAC、赤外線分光器IRS、多波長撮像光度計MIPSを備え、合わせると波長3.6 μm ～ 160 μmの範囲の赤外線を観測することができます。

不透明な物体は全て、「黒体放射」という、温度に応じた電磁波を放射しています。高温の物体は短い波長で強く黒体放射し、低温の物体は長い波長で比較的弱く黒体放射しています。室温の物体や私たちの体は、目には見えませんが、赤外線を黒体放射しています。

この黒体放射は、赤外線望遠鏡や検出器自体からも出て、天体からの赤外線の観測を邪魔します。そのため赤外線観測ではしばしば、鏡や検出器を冷却して黒体放射を抑制します。

スピッツァー宇宙望遠鏡の鏡や検出器は、液体ヘリウムを用いる冷却装置によって5.5 K（－267.7℃）まで冷やされました。この液体ヘリウムは打ち上げ前の予想よりも長持ちし、5.5年の間、観測装置を冷却し続けました。360 Lの液体ヘリウムが全て蒸発した後、スピッツァー宇宙望遠鏡は27.5 K（－245.7℃）で観測・運用を行なう「温暖ミッション」に移行しました。温暖といっても地上に比べれば相当な低温です。

温暖ミッションではIRAC が観測に用いられました。IRSとMIPSは使用していません。

スピッツァー宇宙望遠鏡の成果は多々ありますが、温暖ミッション中の成果として、よその惑星系トラピスト1（TRAPPIST－1）の観測を紹介しましょう。

トラピスト1は太陽系から40光年離れたところに浮かぶ小質量の恒星です。「惑星・微惑星トランジッション小型望遠鏡（TRAPPIST; TRAnsiting Planets and Planetesimals Small Telescope)」のグループが、この恒星を周回する3個の惑星を発見しました。紛らわしいですが、「TRAPPIST」は観測装置の名前で、「トラピスト1（TRAPPIST－1)」はこの観測装置で報告された恒星の名前です。

トラピスト1の惑星は「トランジット法」で発見されました。トランジット法は、よその恒星を周回する惑星を発見する方法の一つで、惑星が恒星の前を通過（トランジット）する際に恒星がわずかに暗くなる現象を利用します。

この報告に続き、TRAPPISTグループはスピッツァー宇宙望遠鏡を用いてトラピスト1をほぼ20日間連続で観測しました。複数の地上望遠鏡との同時観測です。

トランジット法はむしろ宇宙望遠鏡に適した観測手法です。地上望遠鏡は昼間は観測できなかったりするので連続観測が苦手ですが、宇宙望遠鏡は条件がよければ長時間連続観測が可能です。

スピッツァー宇宙望遠鏡の観測によって新たに4個、合計で7個のトラピスト1の惑星が発見されました。大当たりです。これほどたくさんの惑星が見つかった恒星は、他には今のところ私たちの太陽だけです。

7個の惑星の表面温度を見積もったところ、そのうちの1個は288.0K（14.9℃）という値になりました。適切な大気圧があれば液体の水が存在できる温度です。生命の存在を期待したくなります。

2020年1月31日10時30分、スピッツァー宇宙望遠鏡はコマンドによって休止状態に入り、運用終了が宣言されました。

スピッツァー宇宙望遠鏡は16年5カ月もの長期間にわたって機能し、予想を超える成果を上げた成功ミッションです。

可視光・赤外線観測装置

ピンぼけから回復

ハッブル宇宙望遠鏡
Hubble Space Telescope

打ち上げ以降、ほとんどの宇宙物理学の成果に寄与

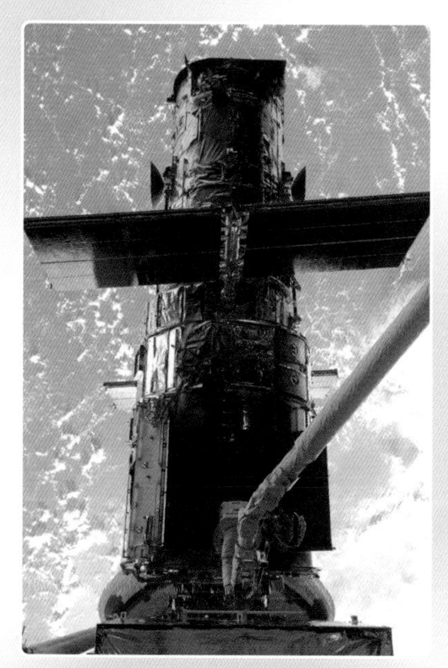

ハッブル宇宙望遠鏡の4回目のメンテナンスはスペース・シャトル・アトランティス号によって行なわれた。マニピュレータのアームにマイケル・グッド宇宙飛行士がまたがって作業している。人工衛星の人間によるメンテナンスは宇宙開発史上きわめて珍しい。
撮影：2009年5月17日。提供：NASA

主目的

赤外線・可視光線・紫外線での天文学

打ち上げ／稼働

1990/04/24 12:33（協定世界時）。2020年現在、運用中。地球周回軌道。

開発国、組織

アメリカ

観測装置／観測手法

高性能掃天観測カメラ
(ACS; Advanced Camera for Surveys)

宇宙起源分光器
(COS; Cosmic Origins Spectrograph)

高精度ガイダンス・センサ
(FGS; Fine Guidance Sensor)

近赤外線カメラ・多天体分光器
(NICMOS; Near Infrared Camera and Multi-Object Spectrometer)

撮像分光器
(STIS; Space Telescope Imaging Spectrograph)

広域カメラ
(WFC3; Wide Field Camera 3)

ハッブル宇宙望遠鏡は科学史に輝く成功ミッションです。宇宙空間に望遠鏡を打ち上げるという夢想を実現し、深刻な障害を克服し、感動的な宇宙の姿と無数の科学的成果を人々にもたらしました。

ハッブル宇宙望遠鏡の成功までの道のりは、決して平坦ではありませんでした。

ライマン・スピッツァー・ジュニアなどによる宇宙望遠鏡の計画は、1977年から予算をつけられました。宇宙膨張を発見した米国の天文学者エドウィン・パウエル・ハッブル（1889－1953）の名前をつけることも早くから決まりました。望遠鏡は1985年に完成しました。

ところが1986年、スペース・シャトル・チャレンジャー号が打ち上げ直後に爆発的に炎上する事故を起こし、7人の乗員が死亡しました。

安全が確認されるまでスペース・シャトルの運用は休止となり、ハッブル宇宙望遠鏡の打ち上げは延期されました。

ハッブル宇宙望遠鏡は1990年4月24日にスペース・シャトル・ディスカバリー号に搭載されて打ち上げられ、4月26日19時38分にシャトルから分離されました。

ところが間もなく明らかになったのは、ハッブル宇宙望遠鏡の画像がピンぼけで、予定していた性能が出ていないことでした。製作上のミスにより、主鏡の形状が計算どおりに仕上がっていなかったのです。

1993年、スペース・シャトルを用いて乗員がハッブル宇宙望

遠鏡のメンテナンスを行ない、視力を補正する「眼鏡」を取りつけました。これにより、ハッブルは予定どおりの性能を発揮できるようになりました。ハッブル宇宙望遠鏡のメンテナンスは2009年までに計4回行なわれ、観測装置や部品が交換されました。

このような人工衛星のメンテナンスはきわめて異例です。代えの部品を用意して、宇宙飛行士とともに打ち上げ、対象の人工衛星を捕獲し、交換するには、莫大なコストがかかるからです。ほとんどのミッションは打ち上げっ放しで、燃料が切れても補給されることはなく、故障を起こしても修理されず、寿命が尽きたら、あるいは最初から何らかの障害によって動作しなかったら、金属屑となって軌道を回り続けます。

ハッブル宇宙望遠鏡のメンテナンスに活躍したスペース・シャトルは、2011年に老朽化した機体が引退し、計画そのものが終了しました。そしてアメリカは有人宇宙輸送機を持たない国となりました。2020年現在、使用可能なスペース・シャトルはありません。したがって、ハッブル宇宙望遠鏡のメンテナンスは（他のミッションと同様）、今後行なわれる見込みがありません。

ハッブル宇宙望遠鏡の主鏡は直径2.4m、補修後の角度分解能は50ミリ秒角です。これは東京で2匹の蛍が3m離れて飛んでいるのをワシントンDCから見分ける能力、と説明されます。

高性能掃天観測カメラACSは3回目のメンテナンスの際に取りつけられました。紫外線から近赤外線までの広い波長の電磁波に感度があります。

宇宙起源分光器COSは紫外線の分光観測を行ないます。恒星系から遠方銀河まで、様々な天体の起源を探ります。

高精度ガイダンス・センサFGSは、ハッブル宇宙望遠鏡の姿勢を知るための装置です。位置の分かっている恒星がどの方向に見えるか測定することによって、望遠鏡の現在の姿勢を知ります。FGSは天体の位置と明るさを測定する科学観測装置としての役割もあります。

近赤外線カメラ・多天体分光器NICMOSは現在停止中です。

撮像分光器STISは天体の高精度分光測定を行ないます。同時に視野内の多数の天体の分光ができます。

広域カメラWFC3は4回目のメンテナンスで以前のカメラと交換されました。全体として、赤外線、可視光、紫外線に感度を持ちます。「広域」といってもそれはハッブル宇宙望遠鏡の他の観測装置に比べての話です。WFC3の視野は160秒角四方で、ヒトの目にはほんの点にしか見えないような広さです。

ハッブル宇宙望遠鏡の観測データを用いる科学論文は1万篇以上発表されていて、成果を要約することは、かえって難しいほどです。**ハッブル宇宙望遠鏡が打ち上げられた1990年以降、宇宙物理学上の重要な発展や成果は、この装置が何らかの形で関わっているものがほとんどです。**

残念ながらメンテナンスされない人工衛星はやがて寿命が尽きます。ハッブル宇宙望遠鏡の役目を引き継ぐべく、ジェイムズ・ウェッブ宇宙望遠鏡の計画が進められています。

可視光・赤外線観測装置

世界最大口径

カナリー大望遠鏡 GTC

GTC; Gran Telescopio CANARIAS

補償光学システムは2020年現在まだ開発中

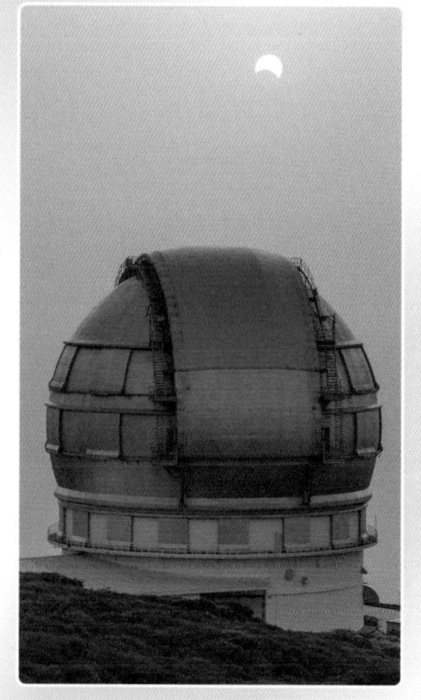

カナリー大望遠鏡のドームと日食。
撮影：2017年8月22日、Tonõ González。
提供：Tonõ González(Cielos - LaPalma.com)

主目的

可視光・赤外線天文学

打ち上げ／稼働

2007/07/14(協定世界時)に初観測。
2020年現在、運用中。

開発国、組織

スペイン、カナリア諸島自治州、メキシコ、アメリカ

観測装置／観測手法

撮像・低分解能分光統合システム
(OSIRIS; Optical System for Imaging and Low Intermediate Resolution Integrated Spectroscopy)

カナリーカム(CanariCam)

多天体赤外分光器
(EMIR; Especrografo Multiobjeto Infra-Rojo)

高分解能可視光分光器
(HORuS; High Optical Resolution Spectrograph)

ハイパーカム
(HiPERCAM)

天文用高分解能多天体分光器
(MEGARA; Multi-Espectrógrafo en GTC de Alta Resolución para Astronomia)

界最大口径の望遠鏡はどれか」という問は答えるのが案外難しいです。

単一の主鏡の大きさなら、ハワイ島マウナ・ケア山頂にあるすばる望遠鏡（日本）と、チリのアタカマ砂漠にある超大型望遠鏡VLT（ESO）を構成する4台のユニット望遠鏡が、それぞれ口径8.2 mで、最大です。

複数枚の鏡を組み合わせて主鏡とする方式では、カナリア諸島のラ・パルマ島に建設されたカナリー大望遠鏡GTC（スペイン、メキシコ、アメリカ）の実効口径10.4mが世界最大です。

また特殊な望遠鏡としては、ピナレノ山脈の最高峰グラハム山にある大双眼鏡LBT（アメリカ）は、口径8.4 mの主鏡を持つ望遠鏡を2基組み合わせ、1台の「可視光干渉計」を構成します。2基合わせた実効面積は、口径11.8 mの主鏡1枚に相当します。

大望遠鏡代表として、ここではカナリー大望遠鏡GTCを取り上げます。

カナリア諸島のラ・パルマ島は海抜が2300 mあり、また大西洋にあって都市の光害の影響を受けない点が、天文台の設置に向いています。スペインが主に出資して、2000年からカナリー大望遠鏡GTCの建設が始まりました。

主鏡は六角形の鏡を36枚組み合わせて構成されています。その実効面積は73 m^2 あります。2007年7月14日の初観測の時点では36枚のうち一部の鏡のみが取りつけられていましたが、2020年現在では全てそろっています。

現代的な大型地上望遠鏡には、補償光学システムが欠かせません。大気の擾乱を打ち消す補償光学システムがあって初めて、巨大な口径の鏡は真の性能を発揮できます。残念ながら、カナリー大望遠鏡GTCの補償光学システムは2020年現在まだ開発中です。

現在稼働中の焦点面検出器は6台で、今後開発にともなって増える予定です。

撮像・低分解能分光統合システムOSIRISは、可視光の撮像と分光を行ないます。

カナリーカムCanariCamは、中間赤外線（7.5μm ～ 25μm）の撮像を行ないます。補償光学が実装されれば、回折限界に達する角度分解能を発揮する見込みです。

多天体赤外分光器EMIRは、近赤外（0.9μm ～ 2.5μm）で多天体の同時分光を行ないます。多数の銀河を同時に分光観測するなどの用途に使えます。

天文学用語では、色を「バンド」と呼びます。緑はgバンド、赤はrバンド、近赤外線はiバンドといった具合です。ハイパーカムHiPERCAMは近紫外線から近赤外線（300 nm ～ 1000 nm）の5色（uバンド、gバンド、rバンド、iバンド、zバンド）の撮像を同時に行ないます。これにより、多くの天体の（波長分解能の低い）分光観測が一挙にできます。

天文用高分解能多天体分光器MEGARAは、分光観測を複数の天体について同時に行ないます。HiPERCAMよりも観測できる天体の数は少ないですが、波長分解能は高くなります。

POINT!

補償光学

地上に設置された望遠鏡はどうしても大気のゆらぎの影響を受け、像がぶれたりぼやけたりするものですが、補償光学は大気のゆらぎを常に監視し、この効果を打ち消すように鏡の形状や焦点を機械的に変化させ、ぶれやぼやけを補償します。大気のゆらぎを測定するためには、科学観測対象とは別の恒星を利用し、その像の変化を常に監視します。適切な別の恒星がなければ、レーザーを大気上層に向けて照射して、大気中のナトリウム原子の発光を利用します。なんだか手品のようなこの技術は、1990 年ごろから実用され、現在の大型望遠鏡では標準的な装備となっています。

補償光学が普及した現在では、観測中の望遠鏡ドームから鮮やかなオレンジ色のレーザーが夜空に照射される光景が普通になりました。

可視光・赤外線観測装置

超小型衛星搭載の望遠鏡

宇宙物理学研究実証用 秒角望遠鏡アステリア

ASTERIA; Arcsecond Space Telescope Enabling Research In Astrophysics

超小型衛星を短期間、低予算、少人数で

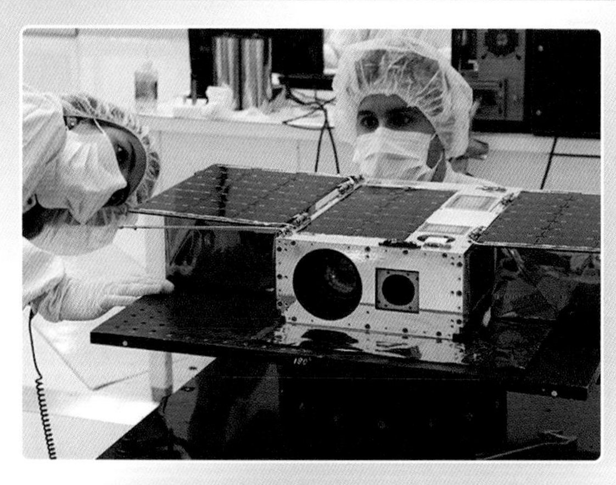

打ち上げに先だち、アステリアの質量特性測定に備える電気回路試験技師イーシャ・マーティ（左）と統合試験主任コーディ・カリー。提供：NASA/JPL

主目的

超小型衛星を用いる望遠鏡技術の実証。よその惑星の検出

打ち上げ／稼働

2017/08/14 16:31（協定世界時）。
2017/11/20 12:25 ISSから放出。
2020年現在、運用中。地球周回軌道。

開発国、組織

アメリカ

観測装置／観測手法

CMOS撮像素子（CMOS imager）

宇宙物理学研究実証用秒角望遠鏡アステリアは、超小型衛星キューブサット（CubeSat）の規格を用いる10 cm × 20 cm × 30 cmの宇宙望遠鏡です。

2017年8月14日にアメリカの宇宙輸送企業スペースX社のファルコン9ロケットによって打ち上げられ、国際宇宙ステーションISSに運ばれ、2017年11月20日にISSから地球周回軌道に放出されました。

キューブサットは超小型衛星の機体の規格で、最小10 cm × 10 cm × 11 cmのほぼ立方体（1ユニット）の形状です。キューブサットの規格を用いると、短期間、低予算、少人数で超小型衛星を製作することができます。またNASAはキューブサットの打ち上げを支援しており、様々な教育機関や団体などの製作したキューブサットがこれまで打ち上げられています。

アステリアは超小型衛星で望遠鏡観測が可能であることを実証する目的を持ち、キューブサット6ユニットの機体に、望遠鏡、CMOS撮像素子などを内蔵します。実際、0.5秒角の精度で姿勢制御が可能であることなどを示しました。

主要観測期間の3カ月を終えて、現在は近傍の明るい恒星を観測し、よその惑星の検出を試みています。

紫外線観測装置

太陽系天体の磁気圏や大気圏の観測が専門

惑星分光観測衛星ひさき

Hisaki

木星のプラズマと磁気圏の構造を明らかにする

打ち上げ前の名称：惑星分光観測衛星
SPRINT-A（Spectroscopic Planet observatory for Recognition of INTeraction of Atmosphere）
打ち上げ前の別名：SPRINT-A（Small space science Platform for Rapid INvestigation and Test）

打ち上げ前のひさき。
撮影：2013年7月23日。提供：JAXA

主目的

惑星の極端紫外線観測

打ち上げ／稼働

2013/09/14 05:00（協定世界時）。
2020年現在、運用中。地球周回軌道。

開発国、組織

日本

観測装置／観測手法

極端紫外線分光撮像装置
(EXCEED; Extreme Ultraviolet Spectroscope for Exospheric Dynamics)

日本開発の惑星分光観測衛星ひさきは、金星、木星、土星などの磁気圏や大気圏の観測を専門とする衛星です。2013年9月14日に打ち上げられ、現在も運用中です。

ひさきに搭載された極端紫外線分光撮像装置EXCEEDは、波長58 nm ～ 148 nmに感度があります。紫外線のうち波長が約100 nm以下の短いものを「極端紫外線」と呼びます。

プラズマ、つまりイオンと電子（あるいは電子と陽電子）からなる気体は、紫外線やX線などの電磁波を放射します。ランダムな波長の電磁波も放射しますが、イオンと電子が衝突したり、結合したりする際に、「輝線」、つまりそのイオンに特有な波長の紫外線やX線を発する場合があります。**輝線を観測すると、そのプラズマの元素組成、温度、密度などの情報が得られます。**

ただし、宇宙空間に微量に存在する水素原子は紫外線を吸収します。波長が90 nmよりも短い極端紫外線は水素原子に吸収されるため、遠方まで伝わりません。したがって、紫外線望遠鏡は遠方の観測に不向きです。

しかし、太陽系内から出ない程度の近所ならば、紫外線も届くので、太陽系の天体は紫外線天文学の研究対象になります。

例えば、木星は地球磁場の10000倍の強い磁場を持ち、磁気圏にはイオンや電子などの荷電粒子、つまりプラズマが溜まっています。地球の磁気圏のプラズマは主に太陽風によって供給されますが、木星のプラズマは太陽風だけでなく、衛星イオにも由来するのです。ひさきはこれまで、木星のプラズマと磁気圏の構造を明らかにするなどの成果を上げてきました。

X線観測装置

国際宇宙ステーションから X線天体を監視

全天X線監視装置マキシ

MAXI; Monitor of All-sky X-ray Image

28個のX線新星を発見

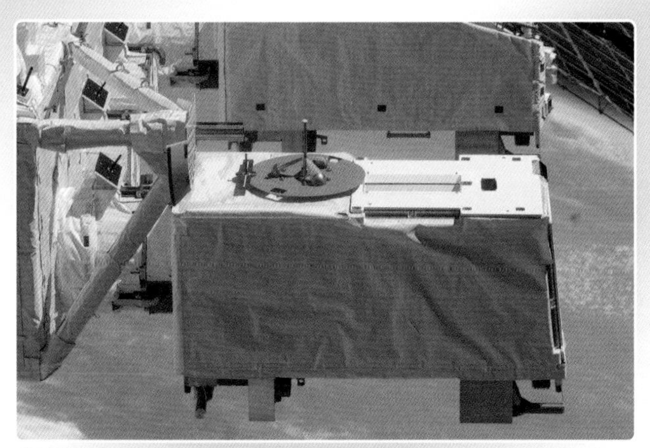

船外実験プラットフォームに取りつけられたマキシ。
撮影：2009年7月28日。提供：JAXA/NASA

主目的

全天のX線天体の長期間監視

打ち上げ／稼働

2009/07/15 22:03（協定世界時）。
2020年現在、運用中。ISS搭載。

開発国、組織

日本

観測装置／観測手法

ソリッド・ステート・スリット・カメラ
(SSC; Solid state Slit Camera)
ガス・スリット・カメラ
(GSC; Gas Slit Camera)

全天X線監視装置マキシは日本のJAXA、理化学研究所、大阪大学、東京工業大学、青山学院大学などが開発したX線観測装置です。2009年7月15日にスペース・シャトル・エンデバー号によって打ち上げられ、若田光一宇宙飛行士の操作するマニピュレータによって、国際宇宙ステーションISS日本実験棟「きぼう」の船外実験プラットフォームに取りつけられました。

2009年8月15日の観測開始以来10年、検出器の機能低下などはあるものの、主要観測期間（設計寿命）（p.69 POINT! 参照）の1年をはるかに超えて動作し続け、X線天体のデータを取得し続けています。ISSに搭載された科学観測装置の中でもトップクラスの成果を上げているといっていいでしょう。（TSIS〔p.30〕の項でも述べましたが、ISSは宇宙飛行士が常駐しているものの、彼ら彼女らは科学観測装置のメンテナンスや操作を基本的に行ないません。搭載されている科学観測装置は地上から遠隔で操作され、機器のトラブルも地上で対処します。故障が生じたら最期です。）

マキシはガス・スリット・カメラGSCとソリッド・ステート・スリッド・カメラSSCを組み合わせ、ISSの進行方向の空と、ISSの「頭上」方向、つまり地球と反対方向の空を見張ります。ISSは約90分の軌道周期で地球を周回し、それにともないマキシの視線方向は空を走査します。GSCとSSCが全て稼働していれば、ほとんどのX線天体が約90分に2回観測されます。

しかしいったいどうしてX線天体をそれほど頻繁に観測する必要があるのでしょうか。夜空の恒星は今晩も昨晩と同じように可視光で光っています。数日かそこら観測しなくても重要な出来事を見逃すおそれはまずありません。

X線天体は可視光天体とちがって、明るさが激しく変化するものが多くあります。例えばブラック・ホールや中性子星に落下するガスが超高温に熱せられてX線放射をする場合、この放射の強度はガスの流量などによって数年〜数ミリ秒の時間で変化したり、ぱったり止んだりします。これまで何十年も放射をしなかったために存在が知られていない天体が突如としてX線で明るく輝き、発見されることもあります。そのような天体は「X線新星」と呼ばれます。

全天のX線天体を常に監視すると、そういう無数のX線変動天体の活動状態を知ることができます。X線天体の強度変動は、X線放射の中心部にあるブラック・ホールや中性子星、ガス流についての情報を含み、貴重な研究対象です。また監視によって、突如目覚めて活動を開始したX線新星をいち早く報告し、追跡することができます。

マキシはこれまで、28個のX線新星を発見して報告しました。そのうち12個はブラック・ホールです。マキシの発見した新天体には「MAXI J0158−744」といった名称がつけられます。「J0158−744」は天体の座標を示します。**GSCは896個、SSCは140個のX線天体を検出し、X線新星の他、109発のガンマ線バーストを検出し、130発以上の巨大恒星フレアを捉え、正体不明の突発軟X線現象など多くの新現象を発見しました。**

マキシの取得したデータを用いて作成された全天X線マップを図に示します。X線天体は白点として見えています。X線天体が集中している水平の線は天の川です。銀河面には可視光に加えてX線天体も多数あるため、X線でも天の川が見えるのです。

ちなみに、マキシは筆者が理化学研究所の宇宙放射線研究室の研究員だったときに、松岡勝（1939－）主任研究員（当時）の下に始まったミッションです。筆者もその基本デザインなどに携わり、性能を見積もるなどしました。

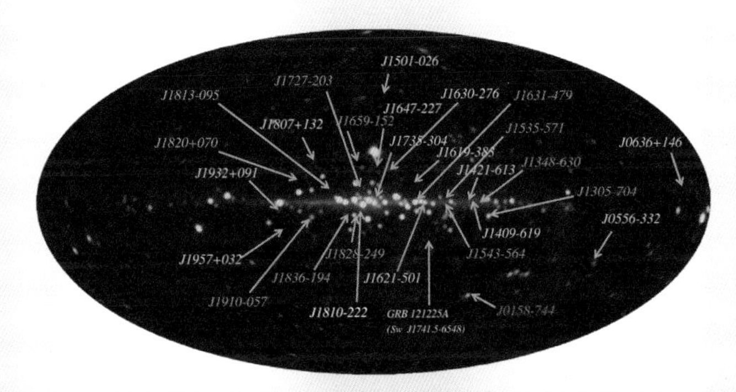

GSCによる全天X線マップ。2 keV～16 keVの観測データ（2009年11月～2013年12月）を重ねたもの。マキシが発見したX線天体を記してある。

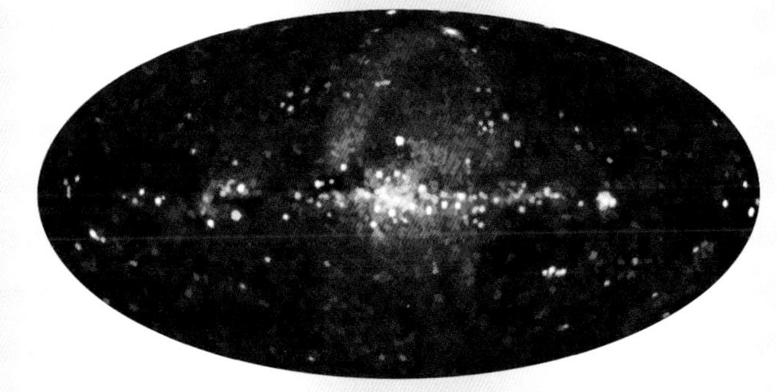

SSCによる全天X線マップ。0.7 keV～1 keVの観測データ(2009年8月～2011年8月)を重ねたもの。

提供：RIKEN/JAXA/MAXIチーム

X線観測装置

宇宙の極限状態を研究

X線天文台チャンドラ

Chandra X-ray Observatory

業界を驚かせた高角度分解能

打ち上げ前の名称：AXAF-I; Advanced X-ray Astrophysics Facility-Imaging

スペース・シャトル・コロンビア号から放出されたX線天文台チャンドラ。太陽電池を畳んだ状態。1999年7月23日、キャディ・コールマン宇宙飛行士によって高解像度テレビカメラで撮影。望遠鏡が二つに分かれているように見えるのは影のため。提供：NASA

主目的

X線天文学

打ち上げ／稼働

1999/07/23 04:31(協定世界時)。2020年現在、運用中。地球周回軌道。

開発国、組織

アメリカ

観測装置／観測手法

高解像カメラ(HRC; High Resolution Camera)

撮像分光CCDカメラ
(ACIS; Advanced CCD Imaging Spectrometer)

高分解能分光器
(HRS; High Resolution Spectrometer)

- 高エネルギー透過グレーティング
(HETGS; High Energy Transmission Grating Spectrometer)
- 低エネルギー透過グレーティング
(LETGS; Low Energy Transmission Grating Spectrometer)

線天文台チャンドラについて述べるために、まずX線天文学がどのような分野であるか説明しましょう。

X線は波長がだいたい1pm～1nm（10^{-12}m～10^{-9}m）、つまり10億分の1mm～100万分の1mm程度の電磁波です。極端紫外線よりもさらに波長が短いですが、極端紫外線とちがって水素原子にほとんど吸収されず、宇宙空間をはるばる旅して遠方の銀河や銀河団からも届きます。ただし大気を透過することはできず、地表に届きません。そのため、**宇宙空間をはるばる旅してきたX線を観測するには、観測装置を大気圏外に打ち上げる必要があります。**

1962年、リカルド・ジャコーニ（1931－2018）はX線検出器をロケットに積んで大気圏外に打ち上げました。太陽からのX線が観測できるだろうと考えたのです。

太陽からのX線は予想どおり観測され、これは太陽の活動を計測する重要な手法となって現在も盛んに行なわれていることは、第1章で説明したとおりです。けれどもジャコーニと世界を驚かしたのは、太陽の他にも強いX線源が宇宙に存在したことでした。ジャコーニが見つけたX線天体「さそり座X－1（エックスワン）（Sco X－1）」をかわきりに、次々とX線天体が発見されました。研究者はX線観測装置をロケットや気球や人工衛星に搭載し、X線天体を探しました。X線天文学の始まりです。

さそり座X－1の正体は、中性子星という異常な高密度の天体と恒星が互いを周回する連星系でした。こうした連星系では、条件がそろうと、恒星から中性子星にガスが流れ込み、ガスが中性子星に落ちる過程で数千万Kの超高温に熱せられ、X線を発します。

このような奇妙な天体が宇宙にあるとは、見つけるまで誰も予想していませんでした。だから宇宙にX線天体が存在するとは考えられていなかったのです。

しかし宇宙は常に人類の貧弱な想像の上を行きます。中性子星連星系以外にも、想像を絶するX線天体が次から次へと報告されました。ブラック・ホールと恒星の連星系、銀河の中心にある超巨大ブラック・ホール、銀河団の強大な重力に捕まった高温プラズマ、過去に起きた超新星爆発の残骸……、X線天体のリストはいまだに増え続けています。**X線は超高温プラズマや超高エネルギー粒子といった極限状態の物理現象によって放射されるので、X線を観測することによって、宇宙の極限状態を研究することができるのです。**

X線天文台チャンドラは1999年7月23日にスペース・シャトル・コロンビア号に搭載されて打ち上げられました。8時間42分後、X線天文台チャンドラはコロンビア号から切り離され、ロケット噴射によって高度をさらに上げました。最終的な楕円軌道は、地球中心から最大14万km離れるものです。

X線は鏡に反射させて焦点面上に像を結ばせることが技術的に難しいのですが、X線天文台チャンドラの高精度のX線鏡は、0.5秒角という、X線天文学分野においては驚異的な角度分解能を持ちます。焦点面には高解像カメラHRC、撮像分光CCDカメラACISという撮像装置と、HETGSとLETGSの2台の高分解能分光器を備えます。X線天文台チャンドラの撮像した天体写真は業界を驚かしました。

X線天文台チャンドラの高角度分解能は、これまでぼやっとした広がりに見えていたX線放射を個々の天体に分解しました。この能力により、宇宙論的遠方に無数の超巨大ブラック・ホールがあって、ちかちかX線で光っていることを発見しました。また天の川銀河の中心部にも中型ブラック・ホールや中性子星や白色矮星をごちゃごちゃ見つけました。

またある銀河の中心部には、今にも衝突しそうな2個の超巨大ブラック・ホールを見つけました。この2個は数億年以内に合体すると予想されています。

チャンドラの名は、インド出身のアメリカ人宇宙物理学者スブラマニアン・チャンドラセカール（1910－1995）にちなみます。

チャンドラセカールは19歳のとき、天体の質量には限界があることを発見しました。相対性理論と当時の最新理論である量子力学を組み合わせると、重すぎる天体は自重を支えされずに潰れてしまうという結論が得られるのです。

チャンドラセカールのアイディアはその後少々の修正を受けましたが、本質的な部分は正しいものでした。天体の質量には限界があり、それを超えた天体はとめどなく潰れ、ブラック・ホールになると考えられています。チャンドラセカールの理論はブラック・ホールの存在を予言したものといえます。

X線観測装置

中国初の天文衛星

硬X線モジュレーション望遠鏡慧眼(フイヤン)

Insight-HXMT

3種類の望遠鏡を搭載し、高いエネルギーのX線にも有効

別名：硬X線モジュレーション望遠鏡（HXMT; Hard X–ray Modulation Telescope）

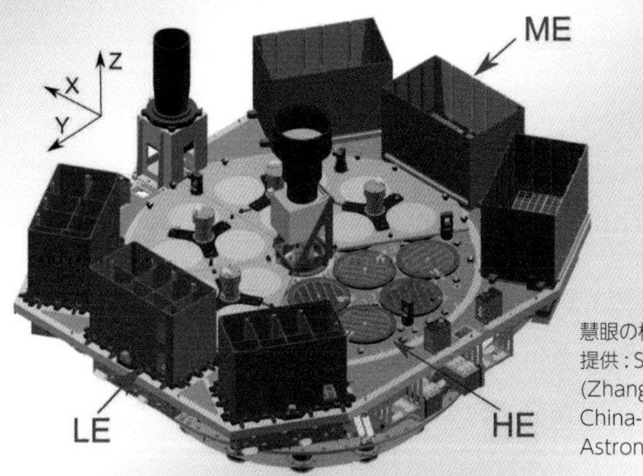

慧眼の検出器の配置。
提供：ShuangNan Zhang (Zhang et al., 2016, Sci. China-Phys. Mech. Astron. 59 (1))

主目的

銀河面の走査観測、X線連星系の研究、ガンマ線バーストの検出

打ち上げ／稼働

2017/06/14 03:00（協定世界時）。2020年現在、運用中。地球周回軌道。

開発国、組織

中国

観測装置／観測手法

高エネルギーX線望遠鏡
(HE; High Energy X-ray Telescope)

中間エネルギーX線望遠鏡
(ME; Medium Energy X-ray Telescope)

低エネルギーX線望遠鏡
(LE; Low Energy X-ray Telescope)

硬X線モジュレーション望遠鏡慧眼（フイヤン）は、中国初のX線天文衛星です。高エネルギーX線望遠鏡HE（20 keV ～ 250 keV, 5100 cm^2）、中間エネルギーX線望遠鏡ME（5 keV ～ 30 keV, 952 cm^2）、低エネルギーX線望遠鏡LE（1 keV ～ 15 keV, 384 cm^2）の3種類の望遠鏡を搭載し、2017年6月14日に打ち上げられ、現在運用中です。

3種類の望遠鏡は（望遠鏡と呼ばれるものの）鏡を用いず、コリメータを用いて視野を絞っています。コリメータ方式の検出器は、高い角度分解能を持たず、そのままでは画像を出力できませんが、高いエネルギーのX線にも有効です。

慧眼は三つの目的を持ちます。一つは、銀河面の走査観測です。マキシの全天X線マップ（p.137）を見ても分かるとおり、銀河面にはブラック・ホール連星系や中性子星連星系などのX線天体が多くあります。走査観測、つまり銀河面の広い領域を掃くように検出器を動かして観測することによって、そこに含まれる個々のX線天体の放射が測れます。これを一定期間ごとに繰り返せば、突発新天体の検出と既知の変動天体の監視ができます。

目的のもう一つは、X線連星系における、強重力・強磁場環境とX線放射機構の研究です。走査観測ではなく、検出器をある程度の長時間観測対象に向ける「ポインティング観測」によって、X線連星系をなす中性子星やブラック・ホールの性質を調べます。

三つ目の目的は、高エネルギーX線望遠鏡HEのCsI検出器による、ガンマ線バーストの検出と研究です。

HEはCsI結晶という密度の高い塩の一種をノイズ除去に用い

ています。HEのメインの検出部であるNaI結晶に放射線が入って信号を出力したとき、その放射線が観測対象からのX線ならば観測データになりますが、荷電粒子ならばノイズとして除去しなければなりません。荷電粒子はHE内のCsI検出部にも信号を残すので、CsI検出部の信号でノイズかどうかの判定ができるのです。高エネルギー実験で用いられる手法です。

このCsI検出部は荷電粒子の他、ガンマ線にも反応します。そのためこれをガンマ線観測装置として用いて、ガンマ線バーストの観測が可能です。これが慧眼の三つ目の研究目的です。

慧眼の名は、物事の本質を見抜く優れた眼力を意味するとともに、中国の核物理学者何沢慧（ヒジフイ）（1914－2011）にちなみます。

POINT!

CsI

ガンマ線や高エネルギー粒子などの放射線の検出には、ヨウ化セシウムCsIの結晶がしばしば使われます。この検出原理について解説します。

一般に、放射線は物質内に入射すると、その通り道にある原子や電子に衝突し、原子から電子を弾き飛ばしたりして、エネルギーを与えます。エネルギーを与えられた無数の原子は、そのうちのある割合を光として放出します。大雑把にいうと、物質は放射線が入射すると光ります。蛍光を発するともいいます。この光をセンサーで検知すれば、放射線を検出できることになります。

ただしどんな物質でも放射線の検出に利用できるわけではなく、物によって向き不向きがあります。不透明な物質だと内部で生じた光が外に出にくいので、検出物質として使えません。また、密度が低い物質は、放射線があまりエネルギーを落とさずに通過してしまい、検出の効率がよくありません。放射線が1発やってくると、その後長時間光り続けるような物質は、普通の検出用には向いていません。

CsIは密度が高く、透明で、放射線を吸収すると1マイクロ秒ほどで蛍光を発してすみやかに暗くなります。そのためこの物質は放射線検出に適しているのです。（他に、ヨウ化ナトリウムNaI、ビスマスジャーマイト$Bi_4Ge_3O_{12}$、タングステン酸カドミウム$CdWO_4$などがよく使われます。）

ところでセシウムには、セシウム133とセシウム137という同位体があります。同位体とは、原子核に含まれる中性子の数がちがう原子です。セシウム133は安定ですが、セシウム137は不安定で、半減期30年で崩壊して放射線を発します。

もしも放射線検出に用いるCsIに、セシウム137が不純物として混じっていると、これは自ら放射線を発するので、測定の邪魔になります。なので、放射線検出用のCsIにセシウム137が混じっているかどうかは大変重要な問題です。通常は問題になりませんが。

しかしセシウム137がどうして不純物として混じるのでしょうか。セシウム137は天然には存在しない同位体です。どこからやってきて測定を邪魔するのでしょうか。

現在地球上に存在しているセシウム137のほとんどは、数十年前の核実験の産物と考えられています。アメリカとソ連は冷戦時代には盛んに核実験を行なっていました。その核爆発で生じたセシウム137が、環境に放出され、現在も残存して、放射線検出を邪魔しているのです。

X線観測装置

インド初の天文専用衛星

アストロサット
AstroSat

公募方式によって観測対象を決定

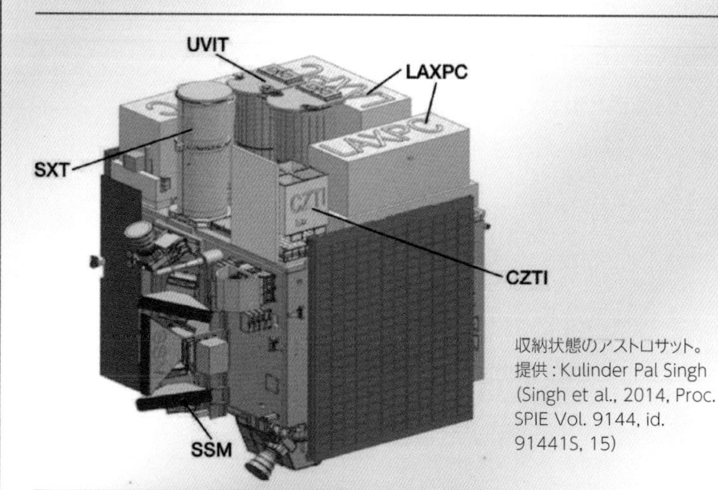

収納状態のアストロサット。
提供：Kulinder Pal Singh (Singh et al., 2014, Proc. SPIE Vol. 9144, id. 91441S, 15)

主目的

X線・紫外線・可視光線による多波長天文学

打ち上げ／稼働

2015/09/28 04:30（協定世界時）。
2020年現在、運用中。地球周回軌道。

開発国、組織

インド

観測装置／観測手法

紫外線撮像望遠鏡
(UVIT; Ultraviolet Imaging Telescope)
大面積X線比例計数管
(LAXPC; Large Area X-ray Proportional Counter)
軟X線望遠鏡(SXT; Soft X-ray Telescope)
テルル化カドミウム亜鉛カメラ
(CZTI; Cadmium Zinc Telluride Imager)
走査天球モニタ
(SSM; Scanning Sky Monitor)
荷電粒子モニタ
(CPM; Charged Particle Monitor)

アストロサットはインド初の天文専用衛星です。**紫外線撮像望遠鏡UVIT、大面積X線比例計数管LAXPC、軟X線望遠鏡SXT、テルル化カドミウム亜鉛カメラCZTI、走査天球モニタSSM、荷電粒子モニタCPMを備え、可視光、紫外線、X線の多波長で同時に対象天体を観測することができます。**

2015年9月28日に打ち上げられ、現在はプロポーザル（公募）方式によって観測対象を決定しています。

プロポーザル方式、あるいはAO（Announcement of Opportunity）方式とは、大型望遠鏡や天文衛星や粒子加速器や大型計算機などの研究リソースを研究者に割り当てる方式の一つです。天文衛星の場合、その運用機関は、その衛星の利用機会が外部の研究者に与えられていることをアナウンスし、プロポーザルを公募します。利用を希望する研究者は、利用方法と研究対象、その研究によって見込まれる成果などを述べたプロポーザルを提出します。集まったプロポーザルは審査され、そのうち採用されたものがその天文衛星の観測時間を割り当てられて、観測できます。

プロポーザル方式はこのアストロサットの他、アメリカ、ESA、日本などの天文衛星や観測施設で用いられています。しかし、自分のところの予算を投じて作られた研究施設はそこの研究者が使う、という方針の国や機関も多くあり、全ての国が用いているわけではありません。

X線観測装置

高エネルギーのX線を反射鏡で集光

原子核分光望遠鏡アレイ・ニュースター

NuSTAR; Nuclear Spectroscopic Telescope ARray

超新星爆発を観測し、宇宙の元素進化を知る

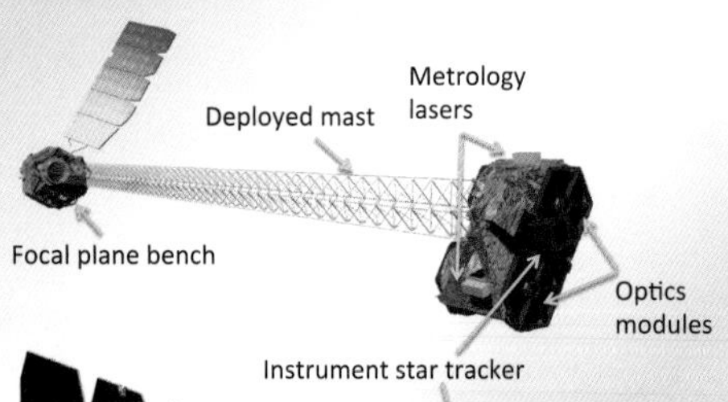

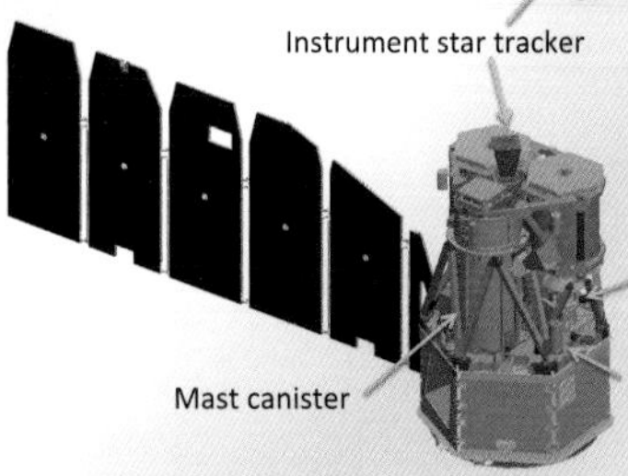

ニュースターの展開後（上）と展開前の配置図。提供：NASA

主目的

硬X線天文学

打ち上げ／稼働

2012/06/13 16:42（協定世界時）。2020年現在、運用中。地球周回軌道。

開発国、組織

アメリカ

観測装置／観測手法

焦点面検出器A
(FPMA; Focal Plane Module A)

焦点面検出器B
(FPMB; Focal Plane Module B)

X線のうち、波長が短くエネルギーの高いものを硬X線と呼びます。X線とガンマ線の境界は曖昧なので、軟ガンマ線と呼んだりもします。

硬X線は物質の表面で反射されにくいため、硬X線用の反射鏡の製作は難しく、反射鏡を用いる望遠鏡の実現は容易ではありません。（反射鏡を用いない硬X線検出器やガンマ線検出器などが「望遠鏡」と呼ばれることはあります。）

原子核分光望遠鏡アレイ・ニュースターは反射鏡を用いる高感度・高エネルギー分解能・高角度分解能の硬X線望遠鏡で、3 keV ～ 79 keVのX線を観測できます。**このような高いエネルギーのX線を反射鏡で集光する天文衛星はニュースターが初です。**

ニュースターは望遠鏡と検出器のセットを2組持ちます。2台の焦点面検出器FPMAとFPMBはほぼ同一です。CdZnTe（テルル化カドミウム亜鉛）という物質からなる検出素子は0.6 mm×0.6 mmの画素を16×16のタイル状に並べた形状に作られていて、これを10.4 mの光学系の焦点面におくと、1画素は12.3秒角の角度分解能に相当します。硬X線の角度分解能としては非常によい数値です。さらにこの検出素子を4枚並べて、12分角×12分角の視野を観測します。

硬X線は、反射面と入射光線のなす角度が1°以下ならば反射されるので、硬X線用の反射鏡はX線が1°以下の浅い角度で当たるように設計されます。反射によって光線の角度は2°程度しか曲げられないので、硬X線の反射鏡の焦点距離は長くなります。ニュースターの場合、反射鏡の取りつけられたマストを衛星本体からするする伸ばして、10.4 mという、人工衛星に搭載される装置としては例外的に長い焦点距離を実現しています。

これほど長いマストだと、反射鏡の位置と角度を精確に固定することができません。位置と角度が固定できずに揺れ動くのを放置すると、天体像がぶれてしまいます。ニュースターの場合はレーザーを利用した位置測定を常に行ない、これを基に天体像を補正します。

ニュースターの目的は、活動銀河核の掃天観測、銀河中心方向にあるブラック・ホール連星系や中性子星連星系などの硬X線源、超新星残骸の硬X線・ガンマ線の検出、ブレイザー（次ページのPOINT! 参照）の多波長同時観測、近傍銀河の超新星爆発の観測などです。

超新星爆発の際には、高温・高密度の爆風の中で物質が核反応を起こし、元素が合成されます。地球上あるいは地中に存在し、工業的に利用されている重元素の中には、過去の超新星爆発で合成されたものが含まれています。超新星爆発によって合成される元素の種類と量が分かれば、宇宙の元素進化を知ることができます。

不安定な原子核は、合成された瞬間から、核種に特有の半減期で崩壊を始め、崩壊にともなって特性ガンマ線などの放射線を出します。不安定な原子核は放射性です。

ニュースターで超新星爆発を観測すれば、例えばチタン44といった放射性核種の特性ガンマ線を検出し、この合成量を見積もれます。

ニュースターは2012年6月13日に打ち上げられました。試験観測期間を経て、現在は前述のAO方式（p.147）で運用され、すでに多くの研究成果を上げています。

POINT!

活動銀河核

宇宙に浮かぶ銀河は恒星の大集団です。銀河の中心部には、太陽質量の数百万～数百億倍程度の超巨大ブラック・ホールが存在すると考えられています。

そうした超巨大ブラック・ホールに、周囲の恒星やガスが落下すると、恒星は落下の過程で引き裂かれ、ガスは摩擦で数百億Kといった超高温に熱せられ、電波や可視光やX線を放射して明るく輝きます。そういう輝く超巨大ブラック・ホールは「活動銀河核」と呼ばれ、観測や研究の対象です。

超高温ガスはブラック・ホールに呑み込まれるのですが、その際、一部は噴水のように外に吹き戻されます。細く絞られた、光速に匹敵する速度のガスの流れが数百光年も遠方まで伸びる現象は「宇宙ジェット」と呼ばれます。

宇宙ジェットの中には、その噴射方向がたまたまこちらを向いているものがあり、そういう天体からはきわめて強いX線やガンマ線の放射が観測されます。これが「ブレイザー」というものです。

X線観測装置

ヨーロッパの大型X線天文衛星

XMMニュートン

XMM-Newton; X-ray Multi-Mirror Mission Newton

星形成領域の高温ガスを発見

XMMニュートンのイラスト。提供：NASA

主目的

X線天文学

打ち上げ／稼働

1999/12/10 14:32（協定世界時）。
2020年現在、運用中。地球周回軌道。

開発国、組織

ESA

観測装置／観測手法

ヨーロッパ光子撮像MOSカメラ
(EPIC MOS; European Photon Imaging Camera MOS)

反射グレーティング分光器
(RGS; Reflection Grating Spectrometer)

ヨーロッパ光子撮像PNカメラ
(EPIC PN; European Photon Imaging Camera PN)

EPIC放射線モニタ
(ERM; EPIC Radiation Monitor)

可視光・紫外モニタ
(XMM-OM; XMM-Newton Optical Monitor)

1999年12月10日にESAによって打ち上げられたXMMニュートンは、質量10t、全長10mの大型宇宙望遠鏡です。その5カ月前に打ち上げられたNASAのX線天文台チャンドラ（p.138）のライバルです。

主検出器として、ヨーロッパ光子撮像MOSカメラEPIC MOSを2台、ヨーロッパ光子撮像PNカメラEPIC PNを1台積み、それぞれX線鏡の焦点面におかれています。

EPIC MOSはMOS CCDを用いるカメラです。「MOS」は半導体の種類を示します。EPIC MOSはエネルギー分解能の高い反射グレーティング分光器RGSと組み合わされていて、X線鏡で反射されたX線は約半分がEPIC MOSへ、約半分がRGSへ送られます。

一方、EPIC PNで用いられているPN CCDはまた別のタイプの半導体でできています。

EPIC放射線モニタは放射線を測定します。地球の近傍には地磁気に捕まった高エネルギーの電子や陽子が存在し、これは軌道上で観測のノイズ源になったり、装置にダメージを与えたりします。そのため、他のX線観測衛星でも放射線モニタを搭載し、放射線の多い空間では観測装置を止めるなどしています。

XMMニュートンの20年間の成果は枚挙にいとまがありません。例えば**ガンマ線バーストGRB031203の「X線残光」を観測し、宇宙空間の塵によって反射されたX線を撮像しました。**撮像と分光を同時に行なう能力によって、**星形成領域の高温ガスを発見し、超新星残骸の元素分布、ダーク・マターの分布、銀河団の高温ガスの分布などを調べました。**

ガンマ線観測装置

広いエネルギー範囲のX線〜ガンマ線に感度を持つ

フェルミ・ガンマ線天文衛星

Fermi Gamma-ray Space Telescope

中性子星衝突合体によって発生したガンマ線バーストを検出

開発時の名称：ガンマ線天文衛星グラスト
(GLAST; Gamma-ray Large Area Space Telescope)

打ち上げ前のフェルミ・ガンマ線天文衛星。
撮影：2008年5月15日。提供：NASA/Kim Shiflett

主目的

ガンマ線天文学

打ち上げ／稼働

2008/06/11 16:05（協定世界時）。
2020年現在、運用中。地球周回軌道。

開発国、組織

アメリカ、フランス、ドイツ、イタリア、日本、スウェーデン

観測装置／観測手法

ガンマ線大面積望遠鏡
(LAT; Large Area Telescope)

ガンマ線バースト監視装置
(GBM; Gamma-ray Burst Monitor)

フェルミ・ガンマ線天文衛星のガンマ線大面積望遠鏡LATは、エネルギーの高い20MeV～300 GeVの範囲のガンマ線を観測します。数TeV（テラ電子ボルト）程度のもっと高いエネルギーのガンマ線も原理的には検出できますが、それほど高エネルギーのガンマ線光子は滅多に入射しません。）

また、フェルミ・ガンマ線天文衛星はガンマ線バースト監視装置GBMを備え、こちらは8 keVからLATの検出エネルギーまで、広いエネルギー範囲のX線～ガンマ線に感度を持ちます。

LATは広視野・高角度分解能・高エネルギー分解能の優れたガンマ線検出器です。望遠「鏡」と呼ばれますが、ニュースター（p.148参照）のような反射鏡は用いておらず、固体検出器の組み合わせでガンマ線の方向を捉えます。

LATに入射したガンマ線は内部で「電子・陽電子対生成」を起こして消滅し、電子1個と陽電子1個のペアに変わります。

電子1個は約10^{-30}kgの質量を持ちますが、この質量は約0.5 GeVのエネルギーを持ちます。質量がエネルギーを持つことは、相対性理論の式$E = mc^2$から導かれます。陽電子は電子と同じ質量を持つので、**電子1個と陽電子1個を合わせると約1GeVのエネルギーになります。この値よりも高いエネルギーを持つガンマ線は対生成を起こせるのです。**低いエネルギーのガンマ線では起きません。

LAT内部で対生成により生じた電子と陽電子は、浜松ホトニクス社製の8.95 cm×8.95 cmの半導体検出素子をたくさん束ねた飛跡追跡装置を通過し、CsI（ヨウ化セシウム）結晶からなるエネルギー測定装置に飛び込んで停止します。対生成で生じた電子と陽電子は元のガンマ線の運動量とエネルギーを保持しているので、飛跡追跡装置の信号から入射方向が計算できます。

一般に、光子検出器や粒子検出器は、観測視野を広く設計すると、やってきた光子や粒子の方向が精確に分からなくなります。方向を精確に測定して角度分解能を高くすると、観測視野が狭くなります。こういうトレードオフの関係があるので、観測視野が広くて角度分解能の高い検出器を作るのは簡単ではありません。

LATは視野が2ｓｒ(ステラジアン)、つまり約6600平方度の広さを持ちながら、入射したガンマ線光子の到来方向を0.15°程度の高精度で決定できます。縦1.8ｍ、横1.8ｍ、高さ0.72ｍという図体のデカさのために、LATは広視野と高角度分解能の両方を実現できるのです。

LATの開発と製作はアメリカをはじめとする国際チームによって行なわれました。(筆者はNASAゴダード宇宙飛行センターに所属していたとき、LATチームに加わっていました。検出器シミュレーションの手法で、ノイズ・イベントの除去率を見積もっていました。)

「フェルミ・ガンマ線天文衛星」は打ち上げ後につけられた名称で、打ち上げ前は「ガンマ線天文衛星グラスト」と呼ばれていました。グラストはNASAのコンプトン・ガンマ線天文衛星CGRO（Compton Gamma－ray Observatory）の後継機として開発されました。

CGROは、これまで紹介したハッブル宇宙望遠鏡、X線天文台チャンドラ、スピッツァー宇宙望遠鏡とともにNASAの大型天文衛星計画を構成し、1991年4月5日に打ち上げられました。大型天文衛星計画の4台は2000年当時運用中でしたが、後継機グラストの計画が承認されると、CGROは運用終了と決定されました。まだ機能しているCGROの運用を終了することに関係者は反対しましたが、NASA上層の決定は覆りませんでした。CGROは姿勢制御ロケットを用いて軌道を変え、2000年6月4日に大気圏に突入して燃え尽きました。（当時、グラストLATチームにはCGRO関係者も多く、メンバーの間に落胆の空気が広がりました。）

グラストは2008年6月11日に打ち上げられ、2008年8月26日に「フェルミ・ガンマ線天文衛星」と改名されました。イタリア出身のアメリカ人物理学者エンリコ・フェルミ（1901－1954）にちなみます。

フェルミは理論物理学と実験物理学の両方の分野で活躍した、多才で優れた研究者です。原子核物理、特に中性子の研究を行ない、1938年にノーベル物理学賞を受賞しました。ストックホルムでの授賞式の後、イタリアには帰らずにアメリカに亡命しました。フェルミの配偶者はユダヤ人だったため、ナチス・ドイツと反ユダヤ主義が勢力を強めるヨーロッパは危険だったのです。

Enrico Fermi（1901-1954）

宇宙物理学においては、フェルミ＝ディラック統計は恒星や中性子星の内部構造の理解に不可欠です。また、宇宙空間を飛び交う粒子である宇宙線は、フェルミ加速という機構で光速に近い速度を得ていると考えられています。

フェルミ・ガンマ線天文衛星のLATはこれまで多くの成果を上げ、ガンマ線天文学を推進する役割を果たしています。その観測対象は、ブレイザーなどの活動銀河核、中性子星、ガンマ線バーストなどあらゆるガンマ線天体におよびます。

ここではGBMによる、打ち上げ前の予想を上回る成果を一つ紹介しましょう。

レーザー干渉計重力波観測所ライゴ（p.180）は、宇宙から到来する「重力波」を検出する装置です。2016年から稼働を開始し、数十発の重力波イベントを捉えています。

ほとんどの重力波イベントは、ここから数十億光年の遠方で、2個のブラック・ホールが衝突合体し、それとともに放射されたものです。

しかし2017年8月17日12時41分4秒（協定世界時）に到来した重力波イベントGW170817は、史上初めて観測された中性子星衝突合体イベントでした。2個の中性子星が、互いを周回するダブル中性子星連星系において、中性子星同士で衝突したのです。

そしてフェルミ・ガンマ線天文衛星のGBMは、重力波の1.74秒後にガンマ線バーストGRB170817Aを検出しました。これは中性子星衝突合体によって発生したガンマ線バーストです。

このGW170817/GRB170817Aは、無数の観測装置が一斉に向けられ、観測されました。史上初めて観測された中性子星衝突合体は、史上初めての規模で多波長同時観測が行なわれた天体現象となりました。

観測結果は2017年10月20日、世界同時に記者発表されました。フェルミ・ガンマ線天文衛星とLIGOの連携による、教科書の内容が何カ所も書き換わるほどの成果です。

ガンマ線観測装置

小型衛星でガンマ線バーストを即座に検出

小型ガンマ線撮像検出衛星アジレ

AGILE; Astrorivelatore Gamma a Immagini LEggero

かにパルサーの明るさの変動を検出

試験中のアジレ。提供：M.Tavani (M.Tavani et al., 2009, Astron. Astrophys. 502, 995)

主目的

ガンマ線天文学

打ち上げ／稼働

2007/04/23 10:00（協定世界時）。2020年現在、運用中。地球周回軌道。

開発国、組織

イタリア

観測装置／観測手法

アジレ・ガンマ線撮像検出器(GRID; AGILE Gamma-ray Imaging Detector)
スーパー・アジレ(Super-AGILE)
ミニ・カロリメータ
(MC; CsI Mini-Calorimeter)

アジレはイタリアによるガンマ線・X線天文衛星です。「アジレ」はイタリア語（または英語）で「敏捷な」「機敏な」といった意味があります。

アジレ・ガンマ線撮像検出器GRIDはフェルミ（p.154参照）のLATに似た構造を持ち、30 MeV ～ 50 GeVのガンマ線に感度があります。全天の5分の1を監視する広い視野と、ガンマ線天体の位置を5分角～ 20分角の精度で決定する角度分解能を持ちます。

スーパー・アジレSuper－AGILEは符号化マスクという、碁盤に穴を開けたような形の少々変わった光学系を持つX線検出器です。10 keV ～ 40 keVのエネルギー範囲のX線を検出します。

ミニ・カロリメータMCはGRIDと独立に0.25 MeV～200 MeVのガンマ線の検出を行ないます。角度分解能はありませんが、ガンマ線バーストの発生時には即座に検出できます。

アジレの主な成果には、大質量連星系りゅうこつ座エータ星からのガンマ線の初検出、ブラック・ホール連星系はくちょう座X－1（Cyg X－1）とはくちょう座X－3（Cyg X－3）からのガンマ線フレアの検出、かにパルサーからのガンマ線フレアの発見などがあります。

かにパルサーは安定してX線やガンマ線を放射し、7000光年と近くにあって明るいため、X線観測装置やガンマ線観測装置の較正（こうせい）（目盛合わせ）に長年利用されてきました。

ところがアジレの報告によると、このかにパルサーの明るさは変動していることになります。これはX線天文業界やガンマ線天文業界には衝撃的な発見です。

ガンマ線観測装置

ガンマ線バースト発見に特化

ニール・ゲーレルズ・スウィフト天文台
Neil Gehrels Swift Observatory

発見後、数秒以内という素早さで世界の観測装置に通報

旧名称：ガンマ線バースト観測衛星スウィフト（Swift Gamma-ray Burst Explorer）

ニール・ゲーレルズ・スウィフト天文台のCG。提供：NASA E/PO, Sonoma State University, Aurore Simonnet

主目的

ガンマ線バーストの正体の解明

打ち上げ／稼働

2004/11/20 17:16（協定世界時）。2020年現在、運用中。地球周回衛道。

開発国、組織

アメリカ、イタリア、UKの共同開発

観測装置／観測手法

バースト・アラート望遠鏡（BAT; Burst Alert Telescope）
X線望遠鏡（XRT; X-ray Telescope）
紫外線・可視光望遠鏡（UVOT; UV/Optical Telescope）

ガンマ線バーストは大量のガンマ線を放出する爆発現象で、空のどこかで1日に1発程度の頻度で生じています。そのエネルギー源は巨大な超新星爆発だと考えられています。普通の超新星爆発も莫大なエネルギーを放出する物騒な現象ですが、中でも特別に大規模な超新星爆発で、しかも**爆風の吹き出す方向（宇宙ジェットの噴射方向）がたまたま地球を向いているものが、ガンマ線バーストとして観測されると解釈されています。**

ガンマ線バーストの研究は天文学の一分野をなします。

ガンマ線バーストの正体を解明するには、この現象が起きるなり、即座に地上や衛星軌道上の多くの望遠鏡をガンマ線バースト源の天体に向け、電波からガンマ線までの様々な波長で観測を行なう必要があります。例えばガンマ線バーストを可視光や赤外線で観測することに成功すれば、バースト源天体の所属する銀河が見つかり、バースト源天体までの距離などが分かります。距離からはバースト源のエネルギーが見積もれます。様々な波長で観測することにより、ガンマ線バースト現象の物理が判明するのです。

ニール・ゲーレルズ・スウィフト天文台はガンマ線バースト発見に特化した観測衛星です。そのバースト・アラート望遠鏡BATは常に空の広い視野を監視し、ガンマ線バーストの発生を見張ります。

BATがガンマ線バーストを検出すると、そのことを地上に知らせると同時に、スウィフトは自動的に姿勢を変えてX線望遠鏡XRTと紫外線・可視光望遠鏡UVOTをバースト源天体の方向に向けます。XRTは3秒角～5秒角、UVOTは0.3秒角という高精度でバースト源天体の位置を測定できます。こうした位置測定の結果はインターネットを介して自動的に通報します。

スウィフトは2004年11月20日に打ち上げられて以来、1000発以上ガンマ線バーストを検出し、様々な成果を上げ、なおも観測を継続中です。またXRTとUVOTは、ガンマ線バースト発生時以外には、他の天体の観測にも用いられています。スウィフトを用いて行なわれた研究の成果の一つに、例えば310億光年という遠方で起きたガンマ線バーストGRB090429Bの発見、軟ガンマ線バースト・リピーターという種族の中性子星の発見などがあります。GRB090429Bは太陽の30倍以上の恒星の最期の爆発によるもので、そのガンマ線は130億年間宇宙を旅して、2009年4月29日5時30分3秒に地球に到達しました。爆発後、恒星はブラック・ホールになったと推定されます。

2018年1月10日、ガンマ線バースト観測衛星スウィフトはニール・ゲーレルズ・スウィフト天文台と改名されました。スウィフトの研究代表者ニール・ゲーレルズ博士（1952－2017）は、ガンマ線天文学に貢献し、スウィフトを開発しましたが、2017年2月6日に64歳で亡くなりました。

余談ですが、筆者がゲーレルズ博士と研究会でご一緒したときは、博士が会の終わりの言葉を述べましたが、筆者のGRS1915+105という天体についての研究発表を取り上げて、「beautiful result」と褒めてくださりました。博士のご冥福を祈ります。

Chapter

3

光を使わずに宇宙を視る

天体現象が宇宙に放っているのは電磁波、つまり光だけではありません。超新星爆発はニュートリノという素粒子を大量にばらまき、ブラック・ホールや中性子星が衝突する際には重力波という波動が時空を伝わります。宇宙空間は、誰がいつ撒き散らしたのか分からない様々な粒子が飛び交っています。

そうした粒子や波動は、もしも人類が適切な検出装置を作り上げれば、検出装置のシグナルを介して、その出自や、宇宙の果ての物理現象について語ってくれます。

この章では、光以外の波動や粒子を用いる天文学について解説します。

ニュートリノ検出装置

地下1 kmの水タンク

スーパーカミオカンデ

Super-Kamiokande

「幽霊のような」ニュートリノを水で捉える

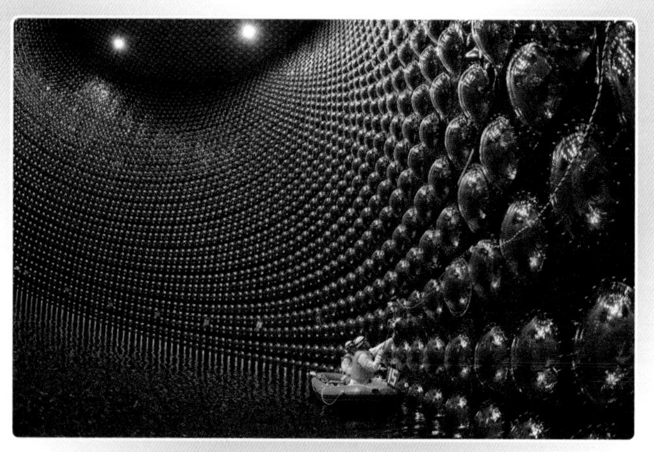

スーパーカミオカンデの内部。
撮影：2018年の改修時。水位は約10 m。内水槽タンク内の磁場測定の様子。
提供：東京大学宇宙線研究所 神岡宇宙素粒子研究施設

主目的

ニュートリノの性質の解明。
ニュートリノ天文学（予定）

打ち上げ／稼働

1996/03/31 15:00（協定世界時）。
2020年現在、運用中。

開発国、組織

日本、アメリカ、韓国、中国、ポーランド、スペイン、カナダ、イギリス、イタリア、フランス

観測装置／観測手法

水チェレンコフ検出器

スーパーカミオカンデはニュートリノを検出する装置です。そのような装置は世界各地にありますが、岐阜県神岡鉱山の廃坑道に建設されたスーパーカミオカンデは高エネルギー電子ニュートリノを検出する装置としては最大規模で最高感度です。(次のアイスキューブも参照。)

スーパーカミオカンデとアイスキューブを紹介するために、まずニュートリノとはいったい何か、ニュートリノ天文学とはどんな天体を観測するのか、説明しましょう。

ニュートリノはきわめて軽い「素粒子」の仲間です。素粒子というのは、この世の物質や物体や実体の材料となっている微粒子で、それ以上細かく分解できないものを指します。例えば原子は電子と原子核に分解できるので素粒子ではありませんが、電子は素粒子です。

このように説明すると、素粒子というものが小さくて軽いのは当然に思えますが、中でもニュートリノは特別軽い部類です。かつてはニュートリノの質量をゼロとする説が支持されていたくらいです。スーパーカミオカンデとその前任のカミオカンデの研究成果によって、現在ではニュートリノの質量がゼロではないことは分かっていますが、実際にいくらかはまだ測定されていません。ニュートリノは質量が不明な素粒子なのです。

ニュートリノは電荷を持ちません。電磁気的な反応をしません。電磁波を放出も吸収もしません。そのため他の物質とほとんど反応しません。その反応のしなささは途方もなく、厚さ1光年の鉛を何の反応もせずに(1年かけて)透過するほどです。

物質と反応しないということは、粒子検出器を構成する検出物質とも反応せずにすり抜けるということで、つまりニュートリノがきわめて検出しにくい素粒子であることを意味します。このため、ニュートリノを用いる素粒子実験は難しく、ニュートリノの性質は調べにくいのです。とらえ所がなく正体の分からないニュートリノはしばしば「幽霊のような」粒子といわれます。

幽霊のようなニュートリノを検出器で捉えるには、大量の検出物質を用意する、大量のニュートリノを用いる、長時間実験を行なう、といった手法が必要です。

スーパーカミオカンデは、巨大な水チェレンコフ検出器です。ニュートリノを検出するために、水という検出物質を大量に用意し、20年以上の長時間にわたって実験を行なっています。

スーパーカミオカンデの検出部は、50000 m^3、つまり5万トンの水タンクからなります。この水タンクの内壁には「光電子増倍管」という光検出器が計13014本設置され、絶えず内部の水を見張ります。

タンク内は暗闇ですが、**もしも荷電粒子が高速で水中を通過すると、「チェレンコフ光」という光が発生します。粒子の速さが水中の光速以上の場合に生じる光です。**

ニュートリノは荷電粒子ではないので、ニュートリノそのものはチェレンコフ光を出さないのですが、どこからか飛んできた高エネルギーのニュートリノがタンク内で反応し、電子やミューオンなどの荷電粒子を生成すると、これら粒子が水中を突っ走ってチェレンコフ光を発します。このチェレンコフ光を捉えることにより、反応を起こしたニュートリノの種類やエネルギーや飛来方向を知ることができます。

スーパーカミオカンデは1991年に建設が始まり、4年半にわたる建設期間を経たのち、1996年4月1日より観測を開始しました。

2001年11月、光電子増倍管が連鎖的に破裂するという事故が生じ、半分以上の増倍管を失いました。が、2002年10月には、ほぼ半数の増倍管を再配置して観測を再開し、2006年7月にはフル稼働状態に復帰しました。

スーパーカミオカンデの観測対象には、超新星爆発ニュートリノ、太陽ニュートリノ、大気ニュートリノ、人工ニュートリノ、陽子崩壊などが挙げられます。

超新星爆発は、恒星が突如として大爆発し、数百億倍の明るさで輝く現象です。本書に何回も登場しましたが、宇宙物理学の重要な研究対象です。

超新星爆発を起こす機構はいくつかありますが、重力崩壊型の超新星爆発は、大質量星の核が自分の重力で潰れて、10秒程度の短い時間に中性子星に変化することによって起きます。

この変化はある種の大規模な原子核反応で、そういう原子核反応は大量のニュートリノを放出します。放出されたニュートリノはほぼ光速で遠方に飛び去ってしまいます。超新星爆発のエネルギーのほとんどはニュートリノが持ち去ると推定されています。

つまり、光で観測した場合の超新星爆発の凄まじい明るさは、全エネルギーのたった1%以下を見ているにすぎないことになります。もしもニュートリノを効率よく観測することができれば、実際の爆発がその何十倍も明るいのを見ることができるでしょう。

そのような観測例の一つは、スーパーカミオカンデの前任装置である「カミオカンデ」による超新星1987Aの観測です。これはスーパーカミオカンデの成果ではありませんが、重要な天文学的事件なので、少々説明しましょう。

カミオカンデは1987年2月23日7時35分35秒（協定世界時）、大マゼラン星雲から飛来した11発のニュートリノ（正確には反電子ニュートリノ）を検出しました。その数時間後、可視光望遠鏡によって大マゼラン星雲に生じた超新星が発見され、1987Aと名づけられました。16万光年離れた大マゼラン星雲で16万年前に生じた超新星の光とニュートリノが、16万年かけて地球に届いたのです。

16万光年は天文学業界では裏庭のような近距離で、このような近所で超新星が生じるのは、数十年に一度という人間にとっては稀な出来事です。

そしてこの数十年は、本書に登場する現代的な観測装置が発明された数十年でした。電波望遠鏡や望遠鏡衛星やX線観測装置といった最新観測装置が、初めて目にする近距離の超新星爆発を貪欲に観測しました。

それら観測装置の中でもとりわけ革新的な成果を上げたのがカミオカンデでした。**超新星爆発由来のニュートリノを13秒間で11発検出したことにより、それまで正確な発生時刻の分からない現象だった超新星爆発を秒の精度で記録し、恒星の内部で進行**

する重力崩壊を初めて観測しました。

カミオカンデによる1987Aのニュートリノ観測により、ニュートリノ天文学という新しい学問分野が始まりました。カミオカンデを作った小柴昌俊東京大学特別栄誉教授（1926－）は2002年のノーベル物理学賞を受賞しました。別のニュートリノ検出器の開発者レイモンド・デイヴィス（1914－2006）との共同受賞です。また、その成功を受けてスーパーカミオカンデの建設も決定されました。

現在、超新星爆発はスーパーカミオカンデの重要な観測ターゲットです。しかし今のところ、私たちの銀河系内や近傍で、新たな超新星爆発は起きていません。次の超新星爆発が送り出した光とニュートリノと重力波は、宇宙空間をこちらへ迫りくるところです。それが到着するまでは、ニュートリノ天文学が捉えた超新星爆発は1987Aだけということになります。

スーパーカミオカンデ近傍のニュートリノ天体は1987Aだけではありません。**私たちの太陽もまた、内部の原子核反応によってニュートリノ（正確には電子ニュートリノ）を生産し、ほぼ光速でばらまいています。**太陽からやってきたニュートリノは私たちの体を1秒に1兆個ほど通過しています（が、何の影響も与えません）。この太陽ニュートリノもまたスーパーカミオカンデの観測対象です。

様々なニュートリノ検出器による太陽ニュートリノの測定量は、原子核反応から見積もった量よりも少なく、3分の1程度です。この差は長らく研究者を悩ます謎でしたが、現在では、「ニュートリノ振動」という現象によることが分かっています。

ニュートリノには「電子ニュートリノ」、「ミューニュートリノ」「タウニュートリノ」の3種があり、太陽の反応ではこのうち電子ニュートリノが主に生じます。

ニュートリノ振動は、ニュートリノの種類が自然に変わってしまう現象です。電子ニュートリノは放っておくとミューニュートリノに変化し、また電子ニュートリノに戻り、振動し続けます。そのため、電子ニュートリノを主に検出する装置で太陽からのニュートリノを測定すると、量が少ない結果になるのです。

太陽ニュートリノの測定量が少ないことは、奇妙な現象であるニュートリノ振動の現われの一つですが、この現象のもっと確実な証拠は、スーパーカミオカンデによる大気ニュートリノの測定で得られました。

宇宙線、すなわち宇宙から飛来した陽子などの粒子が、大気中の原子の核と衝突すると、ニュートリノが生じます。このうちミューニュートリノは、ニュートリノ振動で見る間に減っていきます。スーパーカミオカンデはこれを測定することに成功し、ニュートリノ振動が起きていることを実証しました。

また、スーパーカミオカンデから295 km離れた茨城県東海村のJ-PARC（大強度陽子加速器施設）で、ニュートリノを作り、神岡鉱山の方向へ打ち出して、これをスーパーカミオカンデで検出する「T2K実験」を行ない、やはりニュートリノ振動を確認しました。

ニュートリノ振動は、ニュートリノに質量がある場合に起きる

現象です。ニュートリノ振動が実証されたことにより、ニュートリノに質量があることも確定しました。また、太陽ニュートリノが少ないのは、検出装置や太陽の内部に原因があるのではなく、ニュートリノ振動によるものだということも証明されました。

この成果により、東京大学宇宙線研究所の梶田隆章所長（1959-）は2015年のノーベル物理学賞を受賞しました。カミオカンデによる超新星1987Aのニュートリノ観測で受賞した小柴昌俊東京大学特別栄誉教授に次ぐ2人目の受賞です。

ニュートリノ検出装置

南極の氷が検出装置に

アイスキューブ
IceCube

超高エネルギー・ニュートリノを捉える

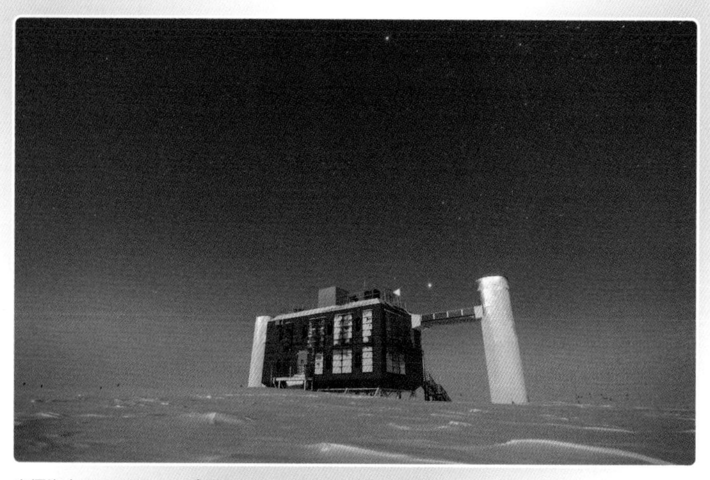

南極氷上のアイスキューブ施設。検出装置そのものは氷の下。
撮影：2017年。提供：Martin Wolf, IceCube/NSF

主目的

高エネルギー・ニュートリノ天文学

打ち上げ／稼働

2010/12/18（協定世界時）（ひも埋設完了）。
2020年現在、運用中。

開発国、組織

アメリカ、日本、ドイツ、カナダ、スウェーデン、韓国、スイス、ベルギー、オーストラリア、ニュージーランド、デンマーク、UK

観測装置／観測手法

水チェレンコフ検出器

スーパーカミオカンデは5万トンの水を検出物質として用いていますが、アイスキューブはさらにスケールの大きなニュートリノ検出器です。

ニュートリノの検出物質として用いるのは、南極を覆う厚さ数kmの氷です。長さ約3kmのひもに60個の光センサーを取りつけ、そのひもを氷に掘った縦穴にたらす、という方法を用いました。縦穴に水を注ぎ込むと、凍って埋まります。この穴を86カ所掘り、86本のひもを埋め込みました（次ページ図参照）。

絶えず降り注ぐニュートリノは、厚さ数kmの氷などすかすか通り抜けてしまうのですが、ごく稀に、水分子中の酸素や水素の原子核と衝突反応を起こします。すると生じた荷電粒子が高速で飛び出し、チェレンコフ光がセンサーで捉えられ、入射したニュートリノのエネルギーや方向が測定されます。

86本の縦穴に埋め込まれた5160個の光センサーが、1km×1km×1kmの体積の氷を常に見張り、宇宙から到来する超高エネルギーニュートリノを待ち受ける、というのがアイスキューブの仕組みです。1km^{3}の氷は約10億トンで、これはスーパーカミオカンデ2万台に相当します。南極点のきわめて透明な大量の氷が可能にした観測手法です。

アイスキューブは主に全米科学財団の予算によって2010年に建造され、アメリカのウィスコンシン大学マディソン校などからなる国際チームによって運用されています。2010年12月18日に、86本全ての穴に検出器の取りつけが完了しました。

アイスキューブの目指すサイエンスは、ニュートリノ天文学、素粒子物理学、ダーク・マターの探索、南極の氷床の調査など、多岐にわたります。

アイスキューブは超高エネルギー・ニュートリノの検出に向いています。検出できるエネルギー範囲は10 TeV ～ 10000 TeV(テラ電子ボルト)、つまり10^{13}eV ～ 10^{16}eVで、これはおおまかにいってスーパーカミオカンデの100万倍以上のエネルギーです。

光の場合、これまで見てきたように、ちがう波長を観測する装置はちがう天体現象を研究する道具になります。これと同様に、スーパーカミオカンデとちがうエネルギーのニュートリノを観測するアイスキューブは、ちがう種類のニュートリノ放射天体を観測すると期待されます。

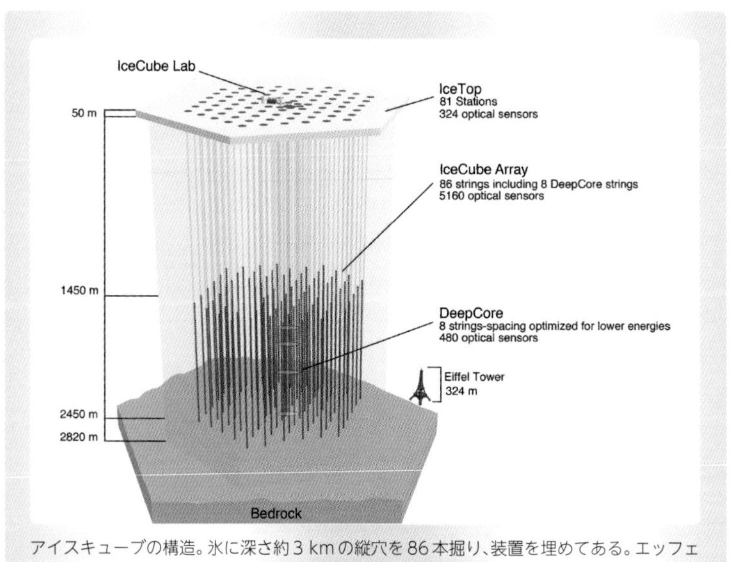

アイスキューブの構造。氷に深さ約3 kmの縦穴を86本掘り､装置を埋めてある。エッフェル塔のサイズが比較してある。提供 : IceCube Collaboration

例えば、「ブレイザー」（p.151 POINT! 参照）はアイスキューブの観測対象です。ブレイザーは①超巨大ブラック・ホールで、②現在活発に活動中のもので、③高温プラズマを光速に近い速度で吹き出す「宇宙ジェット」を持ち、④さらにそのジェットが我々の方向を向いている、という条件を満たすものをいいます。ずいぶん厳しい条件ですが、宇宙は広く、観測可能な範囲には1000億個ほどの超巨大ブラック・ホールが含まれるので、このような条件を満たすブレイザーがいくつも見つかっています。

ブレイザーのジェットの内部で原子核反応が生じると、ニュートリノが発生します。ジェットは光速に近い速度を持つため、ドップラー効果により、ニュートリノのエネルギーの観測値は大きくなります。このような仕組みにより、ブレイザーは超高エネルギー・ニュートリノを放射すると期待されます。

アイスキューブは、なるべく広い視野を長期間観測して、超高エネルギー・ニュートリノを待ち受けます。アイスキューブのようなニュートリノ検出器は、可視光望遠鏡などとちがって、方向を変えて観測対象天体に向けることができませんが、天の広い方向を同時に観測することができます。透過力の高いニュートリノは地球を通り抜けてくるので、足下の方向も含めて観測できます。

超高エネルギー・ニュートリノはごく稀で、そう頻繁には飛来しません。もしも飛び込んできたら、インターネットを介して、これまで紹介してきたようなガンマ線望遠鏡による観測を呼びかけます。なぜガンマ線観測を呼びかけるかというと、超高エネルギーを放射するような天体現象はガンマ線も放射すると期待されるからです。そして幸いなことに、これまでのガンマ線バーストの研究のおかげで、ガンマ線観測装置のネットワークが呼びかけに応じて即座に観測を開始する仕組みができあがっています。

例えば、2017年9月22日20時54分30.43秒（協定世界時）、アイスキューブに200 TeV以上の超高エネルギー・ニュートリノが飛び込んできました。正確には、ミューニュートリノによって生じたミュー粒子が検出部を通過しました。IceCube−170922Aと名づけられたこの1個のニュートリノの飛来方向には、TXS 0506+056という既知のブレイザーがあることが分かりました。続いてフェルミ・ガンマ線天文衛星（p.154）は、TXS 0506+056が活動期にあることを報告しました。これより、IceCube−170922AはブレイザーTXS 0506+056によって発射された超高エネルギー・ニュートリノであると結論されました。

TXS 0506+056は、ニュートリノ源として特定された4個目の天体ということになります。（あとの3個は、超新星1987A、太陽、地球〔の粒子加速器や原子炉〕です。）ニュートリノ天文学の観測対象は、ブレイザーTXS 0506+056と超新星1987Aを合わせて（太陽と地球を除いて）2天体になりました。

2020年現在、南極の氷の中でアイスキューブの観測は続いています。2個目、3個目の超高エネルギー・ニュートリノが検出されるのは時間の問題でしょう。今後のイベントでもブレイザーなどの天体との関連が見つかれば、ブレイザーが超高エネルギー・ニュートリノを放射するという意識が確立するでしょう。

POINT!

素粒子で宇宙観則

部品に分解できない小さな粒子が素粒子です。ニュートリノや電子、光の粒である「光子」などは素粒子の仲間です。これまで人類が確認した素粒子は17種あります。素粒子のうち、安定なものは、宇宙を観測するのに利用できます。本書で紹介している観測装置の多くは、宇宙から到来する何らかの素粒子を検出するものです。

ここに、知られている素粒子17種と、未確認の素粒子「重力子」と「ダーク・マター」を挙げておきます。未確認の素粒子や、誰も知らない未発見の素粒子を利用すれば、宇宙の未知の姿が見えるかもしれません。

ゲージボソンの仲間	**光子**…………宇宙観測に最適な素粒子。 **グルーオン**…不安定なため宇宙観測に向かない。 **Wボソン**……不安定なため宇宙観測に向かない。 **Zボソン**……不安定なため宇宙観測に向かない。 **重力子**………波動としてライゴなどで観測される。素粒子としては未確認。
ヒッグスボソンの仲間	**ヒッグス粒子**…不安定なため宇宙観測に向かない。
電子（レプトン）の仲間	**電子**…………キャレット、AMS-02、悟空など宇宙線検出器で観測。 **ミュー粒子**……不安定なため宇宙観測に向かない。 **タウ粒子**………不安定なため宇宙観測に向かない。
ニュートリノ（レプトン）の仲間	**電子ニュートリノ**…スーパーカミオカンデ、アイスキューブなどで観測。 **ミューニュートリノ**…スーパーカミオカンデ、アイスキューブなどで観測。 **タウニュートリノ**……宇宙観測可能。今後の観測に期待。
クォークの仲間	**ダウンクォーク**………陽子や中性子として宇宙線検出器で観測される。 **アップクォーク**………陽子や中性子として宇宙線検出器で観測される。 **ストレンジクォーク**…不安定なため宇宙観測に向かない。 **チャームクォーク**……不安定なため宇宙観測に向かない。 **ボトムクォーク**………不安定なため宇宙観測に向かない。 **トップクォーク**………不安定なため宇宙観測に向かない。
分類不明	**ダーク・マター**…検出できれば宇宙観測可能。今後に期待。

時空のさざ波、重力波を捉えた

レーザー干渉計 重力波観測所ライゴ

LIGO; Laser Interferometer Gravitational-wave Observatory

ただいま物理学を革新中

ライゴ・リビングストン。
撮影：2015年5月19日。
提供：Caltech/MIT/LIGO Lab

ライゴ・ハンフォード。
撮影：2008年5月2日。
提供：Caltech/MIT/LIGO Lab

主目的

重力波天文学

打ち上げ／稼働

2015/09/14 09:50（協定世界時）、最初の重力波検出。
2020年現在、運用中。

開発国、組織

アメリカ

観測装置／観測手法

マイケルソン干渉計

レーザー干渉計重力波観測所ライゴは、史上初めて重力波を検出し、世界を驚かせました。重力波とはいったい何でしょうか。ページを割いて説明しましょう。

天才物理学者アルベルト・アインシュタイン（1879－1955）は、重力の革新的な物理学理論「一般相対性理論」、略して「相対論」を発表しました。**それによると、私たちが暮らすこの空間と時間、合わせて「時空」は、伸びたり縮んだりしわが寄ったりするものだといいます。**

時空の中を移動する物体が、そういうしわを横切る際には、真っ直ぐ進めずに軌道がくにゃりと曲がります。これが重力の効果だというのが相対論の主張です。重力の正体は、時空を曲げるしわだというのです。

時空にしわがよるというこの奇怪な説は、しかし重力現象を正しく説明することができました。きわめて強い重力の及ぼす影響や、重力によって光線が曲がる効果は、ニュートンの万有引力の理論ではうまく説明できませんが、相対論だと正確に予測できます。相対論は今のところ、重力を最も精密に記述する物理学理論です。

相対論の予測する現象の一つに「重力波」があります。水面を伝わるさざ波のように、時空のしわが遠方まで伝わっていくことがあるというのです。

相対論の予測する他の現象は次々と検証され、この理論の正しさを証明しましたが、重力波はなかなか実験で検証することができませんでした。重力波は極度に微弱な現象で、検出するには巨大で鋭敏な装置が必要なのです。

例えばもしも重力波がやってきてあなたに当たると、時空がごくわずかに伸び縮みし、この本とあなたの間の距離がごくわずかに変化します。どれほどごくわずかかというと、原子の大きさよりもはるかに小さく、陽子の1000万分の1程度です。

重力波を検出するには、このようなごくわずかな距離の変化を測定する技術が必要となります。

ライゴは2枚の鏡を4km離して設置し、この間の距離の変化をレーザー干渉計の手法で精密に測定します。鏡とレーザー発生装置と光路などは全長4kmの巨大な真空容器の中に設置されます。重力波を検出するためには、この4kmの「腕」を2本用意し、直角におく必要があります。超精密な測定のため、この巨大な装置は振動から厳重に遮蔽(しゃへい)され、熱雑音を抑えるために低温に冷却されます。

さらにこの装置を、ルイジアナ州リビングストンとワシントン州ハンフォードという3000km離れた2地点に建造し、同時に測定を行ないます。重力波は両地点の検出器に影響を及ぼすので、雑音と区別ができます。

ライゴ・リビングストンLIGO Livingstonとライゴ・ハンフォードLIGO Hanfordの建造は1994年に始まりました。2002年に試験運用を開始しましたが、このときには本物の重力波を検出する能力はありませんでした。

両ライゴはアップグレードされ、本当に重力波を検出できる感度になって、2015年に観測を再開しました。

そして観測を始めた途端、1発の重力波が飛び込んできました。

13億年前、2個のブラック・ホールが衝突・合体し、凄まじいエネルギーが重力波として放射されました。その重力波が13億年かかって私たちの銀河系に到達し、ごくわずかに2台のライゴを揺るがしたのです。2015年9月14日9時50分45秒（協定世界時）のことでした。

この人類史に残る瞬間、アインシュタインの予言どおり重力波が存在することと、ブラック・ホールという謎めいた天体が実在することが確定しました。

ブラック・ホールは強い重力のため、光も脱出できません。そのため、それ以前の観測は、たまたまブラック・ホール周囲に物質があって電磁波を放射しているものに限られていて、証拠といっても間接的なものでした。

けれども重力波はブラック・ホール本体から直接放射されます。重力波の検出によって、どんな懐疑的な研究者もブラック・ホールの存在は疑えなくなりました。

検出された重力波を子細に調べると、発生源となったブラック・ホールの質量や距離などが求められます。重力波は発生源の情報を豊富に含んでいるため、たった1回の検出で宇宙物理学が飛躍的に進歩するのです。これより、重力波天文学という新しい天文学が誕生しました。

重力波の検出によって、ライゴのチームは2017年のノーベル物理学賞を受賞しました。（ノーベル賞は、成果が上がってから受賞まで何年もかかるのが普通です。若手研究者が成果を上げても、すっかり業界の長老になってから受賞することも珍しくありません。重力波のように発見の翌々年に受賞することは例外的です。いかに重力波検出が衝撃的だったか分かります。）

ライゴのこれまたノーベル賞級の成果に、中性子星衝突イベントGW170817 / GRB170817Aの観測があります。この天文学史に残る事件については、フェルミ・ガンマ線天文衛星の項でも、発見の経緯について述べました。

中性子星衝突という天体現象は、それ以前から存在が予測されていました。**2個の中性子星が互いを周回するダブル中性子星連星系は、次第に接近し、最終的には衝突すると予想されます。衝突の際には凄まじい爆発が起きてニュートリノやガンマ線や重力波を放射し、周囲に超高密度の中性子星物質の破片を盛大にばらまき、中心に1個のブラック・ホールが誕生します。**

ばらまかれた破片は、大量の重元素の元になると考えられます。あまりにも大量なので、銀河の中で1回中性子星衝突が起きると、銀河内のガスの元素組成が変わってしまうほどです。銀河内のガスは恒星や惑星ができる際の原料となるので、恒星や惑星には金や銀やウランといった、鉄よりも重い元素が混じることになります。地球の地中に金や銀やウランが見つかって人類が利用できるのは、過去に起きた中性子星衝突のおかげといえます。

ガンマ線観測装置にとっては、中性子星衝突はガンマ線バーストとして観測されます。「普通」のガンマ線バーストは超新星爆発で説明できます。しかしガンマ線バーストの中には、中性子星衝突によるものが混じっているのではないかと何年も前からいわれていました。超新星か中性子星衝突かを見分けるには、重力波（またはニュートリノ）を検出すればいいのですが、検出はライゴの観測が始まるまでは不可能でした。

2017年8月17日12時41分4秒にライゴが検出した重力波GW170817 / GRB170817Aは、待ちに待った中性子星衝突イベントでした。これによって、中性子星が実際に衝突すること、ガンマ線バーストを起こすこと、重元素を合成することが証明され、物理学・天文学のいくつもの未解決問題がいっぺんに解けました。ノーベル賞は予約されたようなものでしょう。（ガンマ線バースト分野ではまだノーベル賞受賞者が出ていないので、ガンマ線バースト関係者が受賞するかもしれません。）

現在、さらに感度を上げたライゴ・ハンフォードとライゴ・リビングストンに加え、3台目の重力波観測所ヴァーゴVirgoが共同で観測を行なっています。また日本の大型低温重力波望遠鏡カグラ（KAGRA; KAmioka GRAvitational wave detector）なども観測を開始する予定です。複数の重力波検出器が同時に稼働すると、到来した重力波の方向を精密に決定することができ、電磁波望遠鏡を向けることも可能になります。

重力波は1週間に1発ほどの率で見つかっています。中には、GW170817のような、1発で教科書を書き換えるようなイベントもあります。重力波天文学は現在最も急速に発展している科学分野の一つです。

高エネルギー電子・ガンマ線観測装置キャレット

CALET; CALorimetric Electron Telescope

高エネルギー電子の起源を探索

船外実験プラットフォームに取りつけられたキャレット。
撮影：2019年5月13日（日本時間）。提供：JAXA/NASA

主目的

宇宙線加速天体の探索、暗黒物質の探索、ガンマ線バーストの研究など

打ち上げ／稼働

2015/08/19 11:50（協定世界時）。2020年現在、運用中。国際宇宙ステーション搭載。

開発国、組織

日本、アメリカ、イタリア

観測装置／観測手法

カロリメータ（Cal; Calorimeter）
ガンマ線バーストモニタ
（CGBM; CALET Gamma-ray Burst Monitor）
硬X線モニタ（HXM; Hard X-ray Monitor）
軟ガンマ線モニタ
（SGM; Soft Gamma-ray Monitor）

高エネルギー電子・ガンマ線観測装置キャレットは、マキシ（p.132）と同様に、日本中心のチームによって開発され、国際宇宙ステーションISS日本実験棟きぼうに取りつけられ、2020年現在観測を続けています。（そしてマキシと同様に、筆者が携わったミッションです。）

キャレットは日本のJAXA、早稲田大学、神奈川大学、青山学院大学、横浜国立大学、芝浦工業大学、立命館大学、東京大学宇宙線研究所などと、アメリカ、イタリアのチームが開発しました。キャレットは宇宙ステーション補給機H－IIB（ツービー）ロケットこうのとり5号機に搭載されて2015年8月19日11時50分に打ち上げられ、地上からのロボットアーム操作によって、きぼう船外実験プラットフォームに取りつけられました。ISSに滞在していた油井亀美也宇宙飛行士が取りつけ作業を支援しました。

キャレットの主観測装置であるカロリメータCALは宇宙線とガンマ線の検出器です。宇宙線の中でも電子の場合、1 GeV ～ 3 TeV、すなわち10^{9}eV ～ 10^{12}eV程度のエネルギーの電子を捉えて、到来方向とエネルギーを測定します。

キャレットにはまた、ガンマ線バーストモニタCGBMが搭載され、これは2台の硬X線モニタHXMと1台の軟ガンマ線モニタSGMの3台の検出器で構成されています。3台を合わせると、7 keV ～ 10 MeV、すなわち10^{4}eV ～ 10^{7}eV程度のエネルギーのガンマ線に感度を持ちます。

キャレットの目標の一つは、宇宙線加速天体の探索です。宇宙線加速天体とは、手っ取り早くいうと、太陽の近場の中性子星のことです。

宇宙線、すなわち宇宙空間に飛び交う電子や陽子や原子核などは、宇宙のどこでどんな天体によって加速されているのでしょうか。有力な候補の一つは中性子星です。**約10^8T(テスラ)の強力な磁場を持つ中性子星が高速回転すると、周囲の空間は渦巻く磁場と電場で満ち、荷電粒子は吹き飛ばされ、光速近くまで加速されるでしょう。**

そういう宇宙線の加速天体を見つけて正体をつきとめるためには、やってきた宇宙線を捉えて単純に到来方向を調べても、なかなかうまくいきません。荷電粒子というものは、飛んでいるうちに、宇宙空間の磁場や電場によってカーブするからです。

けれども宇宙線のうち、高エネルギー電子は比較的まっすぐ進むので、高エネルギー電子の到来方向を測定すると、近場の宇宙線加速天体が分かるはずです。それが既知の中性子星と一致すれば、中性子星が宇宙線を加速している証拠となります。カロリメータは時おり飛び込んでくる高エネルギー電子のデータを蓄積して、近場の宇宙線加速天体の正体をつきとめると期待されています。

キャレットのもう一つの目標は「ダーク・マター」の探索です。

ダーク・マター、別名「暗黒物質」は、宇宙空間にただよう正体不明のガス状の物質です(p.193 POINT! 参照)。ダーク・マターの正体は不明ですが、未知の素粒子からなるという説が有力です。

次項で紹介するアルファ磁気分析器AMS－02は、このダーク・マター候補素粒子から放出された電子を見つけたようだ、と報告しています。エネルギー分解能の優れたキャレットのカロリメータは、AMS－02の報告を検証し、ダーク・マター候補素粒子を決めることができるかもしれません。

余談ですが、キャレットの研究代表者の鳥居祥二早稲田大学教授（1948－）は、神奈川大学に所属していたとき、中国からの留学生常进（チャン・ジン）博士（1966－）の受け入れ教官となりました。宇宙線検出技術について学んだ常博士は、後にダーク・マター探査機悟空（ウコン）（p.194）の主席科学者となり、鳥居教授はキャレットを開発したという“因縁”があります。

なおキャレットのエンブレムは、筆者が早稲田大学の研究員としてキャレット・チームに参加していたときにデザインしたものです。

キャレットのエンブレム。筆者がデザインした。提供：小谷太郎

宇宙線検出装置

宇宙に存在する反物質を検出する

アルファ磁気分析器 AMS-02

Alpha Magnetic Spectrometer

ダーク・マターを検出？

専用台に乗せられたAMS-02。撮影：2011年3月。提供：NASA

主目的

反物質とダーク・マターの探索

打ち上げ／稼働

2011/05/16 13:56（協定世界時）。2020年現在、運用中。国際宇宙ステーション搭載。

開発国、組織

アメリカ、イタリア、オランダ、スイス、スペイン、台湾、中国、ドイツ、トルコ、フィンランド、ブラジル、フランス、ポルトガル、メキシコ、ロシア

観測装置／観測手法

磁気分析器
(Magnetic Spectrometer)

アルファ磁気分析器AMS－02は（磁気を分析する装置ではなく）宇宙線の検出器です。**検出器内に入射した荷電粒子の軌跡を磁気で曲げ、それによって荷電粒子の性質を調べます。**

AMS－02の原型となったAMS－01は「反物質磁気分析器（AMS; Antimatter Magnetic Spectrometer）」と呼ばれていました。AMS－01は、宇宙に存在する反物質を検出する目的で、1998年6月にスペース・シャトル・ディスカバリー号に搭載されて打ち上げられました。単独の人工衛星ではなく、ディスカバリー号に取りつけられた状態で反物質の検出を行ないました。

私たちの体や周囲の物体や太陽や天体は、陽子や電子や中性子などの通常の「物質」からなります。一方、宇宙には、**これらの物質と対となる「反物質」も存在しています。**陽子と対になる「反陽子」は陽子と質量が同じですが、正電荷ではなく負電荷を持ちます。電子と対になる「陽電子」は電子と質量が同じですが正の電荷を持ちます。中性子と対になる反中性子も存在します。

電子と陽電子は衝突するとガンマ線を放出して2個とも消滅します。陽子と反陽子が衝突しても、中性子と反中性子が衝突しても、やはりガンマ線などを放出して消滅します。**このように物質と反物質が衝突してガンマ線などを放出して消滅することを「対消滅」といいます。**

ある種の理論は、宇宙の始まりビッグ・バンの際、大量の反物質が生じたと主張します。この理論が正しければ、現在の宇宙に反陽子や反ヘリウムなどが存在するはずです。

しかしAMS－01は反ヘリウムを1個も検出しなかったので、

宇宙空間の反物質は理論家の予想よりも少ないことが分かりました。こういう予想外れは科学においてしばしば起きますが、これは実験の失敗を意味するわけではなく、実験によって「理論に制限がついた」とみなされます。

「アルファ磁気分析器」と改称されたAMS－02は、アメリカをはじめとする国際協力によって開発され、2011年5月16日に打ち上げられて国際宇宙ステーションに取りつけられました。

AMS－02による新発見の中でも注目されているのが、陽電子の量です。エネルギーが100GeV、すなわち10^{10}eV程度の陽電子の量が多いのです。これは、陽電子を生成する何らかの機構が宇宙空間で働いていることを示します。それはどのような機構でしょうか。

宇宙空間を満たす謎の物質ダーク・マター（ POINT! 参照）は、お互い同士衝突するなどして、既知の粒子、例えば陽電子などを生成する可能性があります。

AMS－02の発見した高エネルギーの陽電子は、ダーク・マターのなれの果てかもしれません。とすると、ついにダーク・マターが捕まえられたのでしょうか。

さらなる測定と、他の検出器による追試が必要です。

POINT!

物質と反物質

ダーク・マター、別名「暗黒物質」は、現代宇宙物理学の重要な未解決問題です。

宇宙空間には、星や水素ガスの他に、正体不明のガス状の物質がただよっていることが古くから知られています。その物質は可視光などの電磁波を放射も反射も吸収もしないので、観測できません。そのため、見えない物質という意味の「暗黒物質」とか「ダーク・マター」と呼ばれます。

ダーク・マターは見えないけれど重力を他に及ぼすので、質量を測定することができます。最近の見積もりによると、その量は通常の物質の5.354倍です。宇宙には通常物質よりもダーク・マターの方が多いのです。

ダーク・マターの正体は不明ですが、未知の素粒子からなるという説が有力です。ダーク・マターの性質を検討してみると、人類が知っている粒子はダーク・マター候補としてはことごとく失格になるので、都合のよい性質を持つ都合のよい素粒子が未発見で残っているのだろう、という希望的予想です。そういう、今後発見されて全ての謎を解決してくれるであろう期待の素粒子としては、「アクシオン」、「超対称性粒子」などが提案されています。

こうしたダーク・マター候補素粒子のうちある種のものは、ある確率で壊れて、高エネルギーの電子を放出すると予想されています。もしもそのエネルギーの電子が宇宙にたくさん飛び回っていることを証明すれば、ダーク・マター候補が見つかったといえます。

宇宙線検出装置

ダーク・マターの正体を探る

悟空(ウコン)

Wukong

電子と陽電子の量とエネルギーを蓄積

別名：ダーク・マター探査機ダンピ
(DAMPE; Dark Matter Particle Explorer)

地上試験を受ける悟空。撮影：2015年9月23日(中国標準時)。著作権：不明

主目的

**ダーク・マターの解明、
ガンマ線天文学、
宇宙線物理学**

打ち上げ／稼働

2015/12/17 00:12 (協定世界時)。
2020年現在、運用中。太陽同期軌道。

開発国、組織

中国、スイス、イタリア

観測装置／観測手法

プラスチック蛍光ストリップ検出器
(PSD; Plastic Scintillator Strips Detector)

ケイ素タングステン変換トラッカ
(STK; Silicon Tunghesten Tracker Converter)

カロリメータ(BGO; Calorimeter)

中性子検出器(NUD; Neutron Detector)

悟空（ウコン）は中国によって開発され打ち上げられた宇宙線・ガンマ線観測衛星です。名前は日本でも有名な『西遊記』の主人公にちなみます。別名をダーク・マター探査機ダンピ（DAMPE; Dark Matter Particle Explorer）といいます。

悟空の宇宙線・ガンマ線観測装置はPSD、STK、BGO、NUDの各部から構成されています。検出器上部のPSDは粒子とガンマ線を区別します。PSDを透過してSTK内に入射したガンマ線は密度が高いタングステンと反応し、電子と陽電子のペアに変換されます。STKはこの電子と陽電子の軌跡を測定し、ガンマ線の入射方向を決めます。高エネルギー粒子はBGO（ビスマスゲルマニウムオキサイド結晶）内で光を放射し、この光量から粒子のエネルギーを測定します。検出器底部のNUDは中性子検出器です。

悟空は2015年12月17日に打ち上げられました。打ち上げ時期の近いキャレットのライバル的検出装置です。

これまで蓄積された電子と陽電子の量とエネルギーは、AMS−02の結果と一致しています。つまり、ダーク・マターの正体が宇宙に充満する未知の素粒子で、それが崩壊して電子と陽電子を生成しているという仮説と矛盾しません。

Chapter

4

特殊任務に取り組む スペシャリスト衛星

天体望遠鏡というものは、地上に建造されたものであれ人工衛星に搭載されたものであれ、基本的にはいろいろな天体を観測できて、その観測データは様々な研究目的に使われます。
けれども観測装置の中には、ある研究テーマのために特別にデザインされた専用の機器も存在します。宇宙物理学のこの謎を解くためにこの天体をこの手法で観測するという専用機、いわば特殊任務に取り組むスペシャリストです。
そうしたスペシャリスト観測装置のほとんどは地上で操作する小規模の装置ですが、そうとうな予算と人員を投入して開発された人工衛星搭載機器もいくつかあります。この章では、そうしたスペシャリスト衛星を紹介しましょう。

系外惑星探査ミッション

1516個の惑星候補を報告

系外惑星探査衛星テス

TESS; Transiting Exoplanet Survey Satellite

大きくて主星に近い惑星を検出しやすい

スペースXロケットに搭載されるテス。
撮影：2018年4月9日、ケネディ宇宙センター。提供：NASA/Kim L. Shiflett

主目的

系外惑星（よその惑星）の発見

打ち上げ／稼働

2018/04/18 22:51（協定世界時）。
2020年現在、運用中。月共鳴P/2軌道。

開発国、組織

アメリカ

観測装置／観測手法

カメラ(TESS Camera)

ランジット型系外惑星探査衛星テスは「系外惑星」を発見する任務を持つ衛星です。

系外惑星は、よその恒星を周回する惑星です。「太陽系の外の惑星」という意味で「系外」と呼ばれます。（しかし「系」のつく天文用語は太陽系以外にも銀河系、連星系、重力多体系など様々あって紛らわしいので、本書では「よその惑星」と呼んだりします。）

20世紀末に口火を切ったよその惑星の研究は、21世紀に急激に発展しました。

2020年現在、よその惑星は4000個ほど見つかっていて、なおも増殖中です。惑星発見計画の中でも特に、2009年に打ち上げられ、2018年まで稼働したケプラー衛星（途中でK2に改名）は、3000個近い惑星を発見するという、驚くべき成果を上げています。20世紀末までは、他の恒星系に惑星があるかどうか、誰も確信を持てていなかったのに、たった20年ほどで凄まじい変化です。

ここで紹介するテスはケプラーの後継機で、ケプラーと同じくトランジット法を用いて惑星を発見しつつあります。

テスは2018年4月18日22時51分に打ち上げられ、P/2軌道という人工衛星としては珍しい軌道に投入されました。

P/2軌道は地球を周期13.7日で周回する楕円軌道で、地球から最大で約40万km離れます。この軌道周期は月の軌道周期と1:2の関係にある「共鳴軌道」です。地球から遠いため、全天のほとんどを連続的に観測できます。しかも共鳴のため、P/2軌道は安定で、この軌道にとどまるための燃料はほとんど必要ありません。

テスは4台のカメラを用いて24°×96°の細長い領域を撮像し、その中の恒星の明るさを2分刻みで記録します。2軌道周期後、つまり27.4日後、カメラの向きを変えて観測を続け、1年でほぼ全天を走査します。

1個の恒星は少なくとも27.4日間、方角によってはもっと長期間、連続観測され、その間に明るさの変化がないかどうか調べられます。

もしもその恒星が惑星を持ち、さらにその惑星が恒星と私たちの間を通過（トランジット）する軌道を持ち、そして通過がテスの観測中に起きたならば、恒星の明るさが一時的に変化します。するとテスはこれを「よその惑星候補」として報告します。**これが「トランジット法」と呼ばれる、よその惑星検出手法です。**

トランジット法は効率が悪く、よその惑星の0.1%程度しか見つけられません。ケプラーやテスの視野の中に見つかった惑星1個につき1000個はその領域に隠れていると思われます。しかし、見つかったものだけでも大変有用な情報をもたらしてくれます。

よその惑星候補は、地上望遠鏡やハッブル宇宙望遠鏡などで追観測され、惑星の姿が確認されると、カタログに掲載されます。

これまでテスは1516個の惑星候補を報告し、追観測で37個が惑星と確定しました。

テスは2021年6月まで運用されることが決まっています。

トランジット法もドップラー法も、大きくて主星に近い惑星を検出しやすいので、今のところ人類が発見した惑星は大きくて主星に近いものが多くなっています。その中には、「スーパー・アース」と呼ばれる巨大な岩石惑星、「ホット・ジュピター」や「ホット・ネプチューン」と呼ばれる主星に近い巨大ガス惑星や巨大氷惑星など、太陽系の惑星とは全然様子のちがうよその惑星系がたくさん含まれています。最初に発見されたペガスス座51番星bもホット・ジュピターでした。

よその惑星がまだ発見されていないころは、人類の知る惑星といえば水金地火木土天海だけでした。そのため、主星に近い惑星は小さな岩石惑星、主星から遠いものは巨大ガス惑星や巨大氷惑星というのが「標準的」な惑星系の姿だろうと漠然と考えられていました。

そこで例えば、宇宙空間のガスや塵が集まって恒星と惑星が誕生する過程の研究では、そういう標準的な惑星系が誕生するように条件や方程式を調整するのが習慣でした。

けれども実際によその惑星系が発見されてみると、スーパー・アースやホット・ジュピターといった、まるで想像していなかった惑星が宇宙にうじゃうじゃあったのです。私たちの太陽系は全然「標準的」ではありませんでした。

これまでの惑星系の誕生理論などは、実際の姿に合わせて大きく改訂中です。

ところで、よその惑星がこれほど多く見つかると、やはり気になるのは生命の存在です。よその惑星に生命はあるのでしょうか。それはどうやったら見つけられるのでしょうか。

生命を検出する手法はいくつか考えられます。例えば惑星の大気成分を調べる手法はその一つです。

地球の大気には、金星や火星とちがって、酸素ガスが含まれます。これはいうまでもなく、地球の緑色植物が光合成によって作っている成分です。

もしもよその惑星に緑色植物に相当する生物がいるならば、酸素ガスなどの不自然な成分が大気に含まれている可能性があります。これを検出できれば、生命の発見に大きく近づくでしょう。

ただしよその惑星の大気の分析は、現在の望遠鏡技術では不可能です。さらに数段階の技術革新が必要でしょう。

期待して待ちましょう。

POINT!

よその惑星

よその恒星は、光でも何年もかかる遠方にあって、それがちっぽけな惑星を持つかどうかは、長らく不明でした。

しかし何百年にも及ぶ望遠鏡技術の改良は、1995年に一つのブレークスルーを遂げました。ここから45光年離れた恒星「ペガスス座51番星」を周回する巨大惑星「ペガスス座51番星b」が発見されたのです。（惑星の名前には「b」がついてます。）人類の初めて知るよその惑星です。

この発見を行なったスイス・ジュネーブ大のミシェル・マイヨール名誉教授（1942−）とディディエ・ケロー教授（1966−）は、2019年のノーベル物理学賞を受賞しました。

ペガスス座51番星bは、ドップラー法によって発見されました。

惑星が主星を周回すると、主星もわずかに揺れ動きます。ドップラー効果（p.53 POINT! 参照）を利用して、主星の速度を精密に測定すると、この揺れ動きが検出できる可能性があります。運と条件がそろって、主星の動きが検出できれば、惑星が発見できるのです。これがドップラー法です。

ペガスス座51番星bの発見によって、それまで想像するしかなかったよその惑星が実在し、実際に検出できることが証明されると、惑星発見ブームが起きました。

宇宙マイクロ波異方性測定ミッション

ビッグ・バンの残光を観測

プランク

Planck

宇宙論パラメータを精密に測定

1993 年までの名称：宇宙放射異方性衛星コブラズ
(COBRAS; Cosmic Background Radiation Anisotropy Satellite)
1993 年までの名称：背景放射異方性測定衛星サンバ
(SAMBA; Satellite for Measurements of Background Anisotropies)
1993 年～ 1996 年までの名称：コブラズ / サンバ (COBRAS/SAMBA)

最後のクリーニングを受けるプランク。台座に「横向き」に取りつけられている。
撮影：2009年3月5日、フランス領ギアナのギアナ宇宙センターのクリーンルーム。
提供：ESA(CC BY-SA 3.0 IGO)

主目的

宇宙マイクロ波背景放射の異方性を測定

打ち上げ／稼働

2009/05/14 13:12 (協定世界時)。
太陽−地球系L_2リサジュー軌道。
2013/10/23 12:10 (協定世界時)運用終了。

開発国、組織

ESA

観測装置／観測手法

低周波装置
(LFI; Low Frequency Instrument)

高周波装置
(HFI; High Frequency Instrument)

本書は原則として、現在運用中のミッションや観測装置を紹介していますが、ここでは例外的に、終了したミッションを扱います。「宇宙マイクロ波背景放射」は現代宇宙物理学のきわめて重要な研究対象で、解説が必要だからです。

「マイクロ波」とは、電波のうち、波長が1mm〜1mのものをいいます。

1964年、アメリカのベル研究所のアーノ・ペンジアス博士（1933-）とロバート・ウィルソン博士（1936-）は、人工衛星からの電波を受信する実験を行なっていて、奇妙な雑音電波に気づきます。アンテナを空に向けると、マイクロ波が入ってくるのです。

この宇宙からのマイクロ波は、特定の天体からやってくるのではなく、空のどの方向からも降り注いでいます。まるで星々の背後に、空全体を覆う壁があって、それがマイクロ波を放射しているかのようです。これが宇宙マイクロ波背景放射の発見です。以後、「宇宙マイクロ波」と略します。

宇宙マイクロ波の正体は、138億年前のビッグ・バンの際、宇宙を満たしていた光の名残です。その太古の光は138億年間宇宙を旅して、今になってアンテナに届いたのです。

これを観測することは、138億年前のビッグ・バンを観測することです。化石を調べると地球の過去が分かるように、宇宙マイクロ波を調べると宇宙の過去が分かるのです。

宇宙マイクロ波は、発見された瞬間に、宇宙が超高温・超高密度のビッグ・バンによって誕生したという仮説を証明しました。

ペンジアス博士とウィルソン博士は1978年のノーベル物理学

賞を受賞しました。この2人を含め、宇宙マイクロ波の研究でノーベル賞を与えられたのは、これまで計3回5人になります。

宇宙マイクロ波は温度2.718Kの黒体放射です。宇宙の温度は2.718Kといってよいでしょう。なお、黒体放射の公式を導いたのは、プランク衛星の名の由来となった、ドイツの物理学者マックス・プランク（1858－1947）です。

この黒体放射は全天ほぼ一様ですが、ごくわずかなむら、つまり強いところと弱いところがあります。このむらは、ビッグ・バン当時の宇宙の情報を豊富に含んでいます。宇宙がどんな状態にあったかによって、このむらのサイズや強度がちがってきます。このむらを測定すると、ビッグ・バン当時に水素やヘリウムやダーク・マターがどれだけ生じたか分かり、現在の宇宙がどうしてこのような姿なのか、分かるのです。

プランクは、宇宙マイクロ波のむら、つまり「異方性」を測定するための衛星です。宇宙放射異方性衛星コブラズと、背景放射異方性測定衛星サンバという、目的の似た二つの衛星計画が1993年に統合されて、コブラズ／サンバと呼ばれるようになり、さらに1996年にプランクと改称されました。

プランクは2009年5月14日に打ち上げられ、太陽－地球系のラグランジュ点L_2を周回するリサジュー軌道に投入されました。L_2からは地球と太陽がだいたい同じ方向に見えるので熱放射を遮蔽しやすいという利点があります。

プランクは27 GHz ～ 77 GHzのマイクロ波に感度のある低周波装置LFIと、83 GHz ～ 1 THzに感度のある高周波装置HFIを用い、宇宙マイクロ波の観測を行ないました。

宇宙論パラメータと呼ばれる、宇宙の姿を現わす物理量は、プランクや他の観測データによってとんでもなく精密に測定されました。例えば宇宙の年齢は13799000000±21000000年、つまり約138億年前と求められました。また宇宙空間の温度は2.718±0.021 K、つまり－270.432℃です。宇宙空間には通常の物質の5.354倍のダーク・マターが存在し、さらに「ダーク・エネルギー」というわけの分からないものが14.22倍存在します。

目的を達成し、任務を終えたプランクは2013年10月23日12時10分に電源を切り、運用を終了しました。

POINT!

ビッグ・バン

宇宙は膨張し、この瞬間も大きくなっています。これは遠方の銀河が遠ざかっていることから分かりました。銀河と銀河の間の距離はどんどん広がっています。

宇宙が大きくなっているということは、過去の宇宙は小さかったということです。計算すると、138億年前には宇宙の全物質が一点に集まっていたことになります。銀河や恒星や、銀河に含まれるガスやダーク・マターなどが全てです。

物質は狭いところに押し込めてぎゅうぎゅう圧縮すると温度が上がります。138億年前の超高密度の宇宙は超高温だったと思われます。そのような温度では通常の物質は蒸発します。原子は原子核と電子に壊れ、原子核も壊れてクォークと呼ばれる素粒子がこぼれ出て、素粒子が超高温の中を飛び回り、ぶつかり合っていたでしょう。

宇宙はそういう超高温・超高密度の状態で誕生し、そこから急速に膨張したと考えられています。これをビッグ・バンといいます。

地球接近天体監視ミッション

運用終了した衛星が復活

広視野赤外線地球接近天体探査機ネオワイズ

NEOWISE; Near-Earth Object Wide-field Infrared Survey Explorer

発見した地球接近天体は292個、彗星は28個

2013年までの名称：広視野赤外線探査機ワイズ
(WISE; Wide-field Infrared Survey Explorer)

ワイズをロケットとの結合部に取りつける作業中。吊り下げられた状態の写真。
撮影：2009年8月18日、ヴァンデンバーグ空軍基地内のアストロテック社施設。
提供：NASA/Doug Kolkow

主目的

地球接近天体を発見・追跡し、特徴を明らかにする

打ち上げ／稼働

2009/12/14 04:09（協定世界時）。
ワイズ運用終了：2011/02/17。
ネオワイズとして再起動：2013/10/03。
2020年現在、運用中。太陽同期軌道。

開発国、組織

アメリカ

観測装置／観測手法

HgCdTeアレイ(HgCdTe Arrays)
Si：Asアレイ(Si:As Arrays)

広 視野赤外線地球接近天体探査機ネオワイズは、元は広視野赤外線探査機ワイズとして2009年12月14日に打ち上げられ、地球を周回する太陽同期軌道（p.17 POINT! 参照）に投入されました。

太陽同期軌道からは太陽が地平線下に沈まず連続的に見えるため、太陽を観測する衛星がこの軌道を使うことはよくありますが、ワイズは赤外線天体を観測するミッションで、むしろ太陽からの熱放射は観測の邪魔になります。それならどうしてこの軌道が選ばれたかというと、少々衛星の姿勢を工夫すると、地球と太陽からの熱放射が常に固定された方向から機体に当たるようにできるからです。その方向からの熱を適切に遮蔽すれば、常に安定した観測条件が保たれるという利点があります。太陽同期軌道で太陽と垂直な空を観測すると、半年で全天を走査できます。

ワイズは赤外線の全天走査のための衛星で、3.4μm、4.6μm、12μm、22μmの4波長帯で走査観測を行ない、全天マップと赤外線天体カタログを作成しました。3.4μmと4.6μmの観測にはHgCdTeアレイという検出器が使われ、12μmと22μmにはSi:Asアレイが使われました。Si:Asアレイは固体水素を冷却材に用いる冷却装置によって7Kまで冷やされていました。冷却材を使い尽くし、任務を達成したワイズは、2011年2月17日に運用を終了し、衛星は休眠状態にされました。

地球接近天体とは、はやぶさ2（p.72）のところでも解説しましたが、小惑星や彗星などの小天体で、地球に接近する（可能性がある）ものを指します。はやぶさ2が探査を行なった小惑星リュウグウや、オシリス・レックスが探査した小惑星ベンヌも地球接近天体です。

一般に、地球接近天体の軌道は不安定で、100万年～1000万年くらいの時間が経つと、火星か地球に衝突するか、あるいはスウィング・バイの原理でもっと遠方に弾き飛ばされると予想されます。そうなると100万年～1000万年の間に地球接近天体が一掃されてしまうわけではなくて、もっと遠方の軌道（主に火星軌道と木星軌道の間の小惑星帯）から、別の小天体がふらふらやってくるので、地球接近天体の総数はあまり変化しないと考えられています。直径140m以上の地球接近天体の総数は10万個程度と推定されています。

そうした地球接近天体の、数や分布や行く先や由来を調べると、隕石の大規模な衝突が起きるかどうか予想する役に立ちます。

休眠状態にあったワイズは、地球接近天体の調査という新たな任務を与えられ、ネオワイズとして2013年10月3日に運用を再開しました。運用の終了した衛星が復活するのは珍しいことです。

ネオワイズは、冷却材がなくても機械式冷凍機で動作するHgCdTeアレイを用いて、全天の走査観測を行なっています。

2020年現在でネオワイズは3万5000個以上の太陽系内天体を観測しました。そのうち約1000個が地球接近天体で、約200個が彗星です。ネオワイズが新たに発見した地球接近天体は292個、新彗星は28個です。

POINT!

大絶滅と隕石

地層に埋まっている化石を調べると、ある時代で生物種がすっかり入れ替わっていることが分かります。そのとき、それまでいた生物種がほとんど絶滅する事件が起きたようです。そのような多くの生物種が一斉に絶滅する事件を「大絶滅」と呼びます。過去の地球には少なくとも5回の大絶滅があったと推定されています。

大絶滅の原因はよく分かっていません。地殻変動、大規模火山活動、地球温暖化、寒冷化など、多くの説が提案されています。

約6600万年前に起きた最後の大絶滅は、隕石の落下によるという説が有力です。このときには、恐竜などの大型爬虫類やアンモナイトなどが絶滅しました。

現在広く支持されているシナリオによると、直径10 km程度の小天体が、ユカタン半島チークシュルブに落下し、その付近の地殻を穿(うが)ち、深さ10 km ～ 30 km、直径200 kmのクレーターを作りました。高空まで舞い上がった塵は地球を覆い、日光をさえぎり、地表の気温を数十度低下させました。この突然の冬は数カ月続き、多くの生物が寒さと飢えで死亡したというのが、大絶滅の隕石説です。

チークシュルブ隕石は落下前には地球接近天体だったと考えられます。ネオワイズの役割は、チークシュルブ隕石のような大絶滅を引き起こす可能性のある危険な天体を発見・監視することです。

人工衛星と宇宙ゴミも監視

地球接近天体監視衛星 ネオサット

NEOSSat; Near-Earth Object Surveillance Satellite

超小型衛星共通バス規格MMBの実証実験

軌道上のネオサットの想像図。
提供：Canadian Space Agency

主目的

地球接近天体の発見

打ち上げ／稼働

2013/02/25 12:31（協定世界時）。
2020年現在、運用中。太陽同期軌道。

開発国、組織

カナダ

観測装置／観測手法

CCDカメラ

地球接近天体監視衛星ネオサットはカナダ宇宙庁（CSA; Canadian Space Agency）とカナダ国防省が開発した超小型衛星です。カナダによる科学目的の衛星は多くなく、本書で紹介できるのはこのネオサットのみです。

ネオサットは1.4m×0.8m×0.4mの「スーツケースほど」の大きさの超小型衛星で、望遠鏡の口径は15cmです。**天球面上で、太陽から45°～55°離れた方向を監視し、地球接近天体を探します。**このような戦略は、軌道長半径が1天文単位程度の軌道を持つ、アテン型小惑星、アポロ型小惑星、アティラ型小惑星の探索に適しています。

ネオサットの開発組織の一つであるカナダ国防省の目的は、超小型衛星による人工衛星と宇宙ゴミの監視です。**ネオサットは高度1万5000km以上の、かなり高い軌道を周回する約2500個の宇宙ゴミを監視対象とします。**

ネオサットの大きさは、カナダ宇宙庁の提案する超小型衛星共通バス規格MMB（Multi－Mission Microsatellite Bus）の指定するものです。ネオサットはこの規格を採用する最初の衛星であり、実験機です。

ネオサットは2013年2月25日、インドの極軌道打ち上げロケットPSLV－C20によって、海洋観測衛星サラルの打ち上げ時に、他の5機の超小型衛星とともに打ち上げられました。以後2020年現在も運用中です。

天体位置測定ミッション

銀河地図を作る

ガイア
Gaia

天の川銀河を構成する恒星の速度場を求める

旧名称：宇宙物理用広域天体位置測定干渉計ガイア
(GAIA; Global Astrometric Interferometer for Astrophysics)

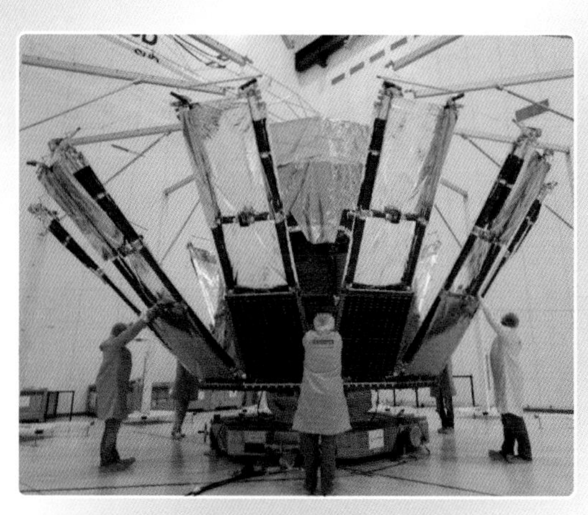

ガイアの日よけの動作試験。ガイアの日よけが設計どおり展開することを試験した後、技術者が元どおりに畳んでいる。撮影：2013年10月11日、フランス領ギアナのギアナ宇宙センターのクリーンルーム。
提供：ESA-CNES-Arianespace / Optique Vidéo du CSG - JM Guillon

主目的

天の川銀河と近傍銀河の恒星の測光と分光観測

打ち上げ／稼働

2013/12/19 09:12 (協定世界時)。
2020年現在、運用中。太陽-地球系L2リサジュー軌道。

開発国、組織

ESA

観測装置／観測手法

天体位置測定装置
(ASTRO; Astrometric Instrument)
測光装置(Photometric Instrument)
分光視線速度計
(RVS; Radial Velocity Spectrometer)

「天体位置測定学」あるいは「位置天文学」あるいは「アストロメトリ」とは、天体、主に恒星の位置と運動を測定し、研究する分野です。

そうして作成した恒星マップや恒星カタログは、他のあらゆる天文学分野に役立つ基礎データとなります。また恒星の位置と運動自体が重要な研究対象です。例えば恒星の集団運動からは、過去に起きた銀河の衝突や合体などが分かります。恒星は重力に引かれて運動するので、重力源であるダーク・マターが測定できます。

ガイアは天体位置測定のためにESAによって開発されました。元は宇宙物理用広域天体位置測定干渉計（GAIA; Global Astrometric Interferometer for Astrophysics）の略称でしたが、干渉計以外の測定装置も搭載することになり、この正式名称は古くなりました。しかしギリシャ神話の大地の女神ガイアの名は、略称とは無関係に残されました。

ガイアは2013年12月19日に打ち上げられ、太陽－地球系ラグランジュ点L_2を周回するリサジュー軌道に投入されました。

ガイアは二重の光学系を搭載し、その共通焦点面には天体位置測定装置ASTRO、測光装置、分光視線速度計RVSを備えます。明るさ20等級の恒星まで位置測定が可能で、そのうち15等級よりも明るい恒星は24マイクロ秒角（p.104 POINT参照）の精度で測定できます。半年の期間をおいて位置測定を繰り返すことによって、年周視差と距離を測定します。またRVSは視線速度を測定します。

POINT!

年周視差

両目で景色を見ると、右目に映る景色と左目に映る景色はわずかにずれています。このずれを「視差」といいます。遠くの物体はほとんどずれませんが、近くの物体は大きくずれます。ヒトの脳は、無意識のうちに、視差によって物体までの距離を測定してのけます。これが立体視です。

視差の原理は恒星までの距離を測定するのに利用されます。

地球は半年で太陽を半周します。地球の軌道長半径は149597870700m、つまり約1億5000万kmなので、半年後には約3億km移動します。

このため、星空の写真を数カ月おいて撮影して比べると、恒星の位置がずれます。このずれを「年周視差」といい、恒星までの距離を測定するのに使えます。ただしこの方法が有効なのは、視差の大きな、比較的近い恒星だけです。

地球が軌道長半径だけ移動したときに年周視差が1秒角になる距離を1pc（パーセク）と定義し、天文業界では距離の単位として用います。1pcは約3.26光年です。

ガイアはすでに想定された運用期間（主要観測期間）を無事に終え、全天の走査データを用いた恒星カタログが公開されています。

ガイアは2020年現在運用中です。2020年に公開予定の最終版の恒星カタログには、10億個以上の恒星の位置、距離、運動、光度、色が記載される予定です。

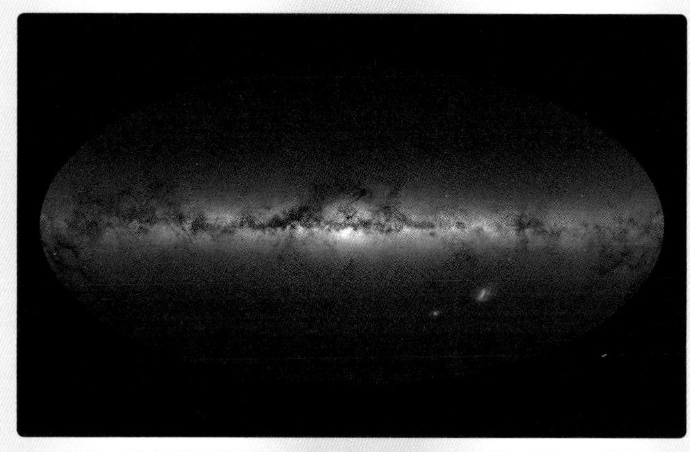

ガイア衛星の 22 カ月間の観測データによる天の川銀河と近傍銀河の全景。17 億個の恒星を含む（が、この解像度では全てを表示できない）。提供：ESA/Gaia/DPAC（CC BY-SA 3.0 IGO）

中性子星X線観測ミッション

中性子星の内部を探る

中性子星内部構造探査装置
ナイサー

NICER; Neutron star Interior Composition ExploreR

特に中性子星を観測するX線検出器

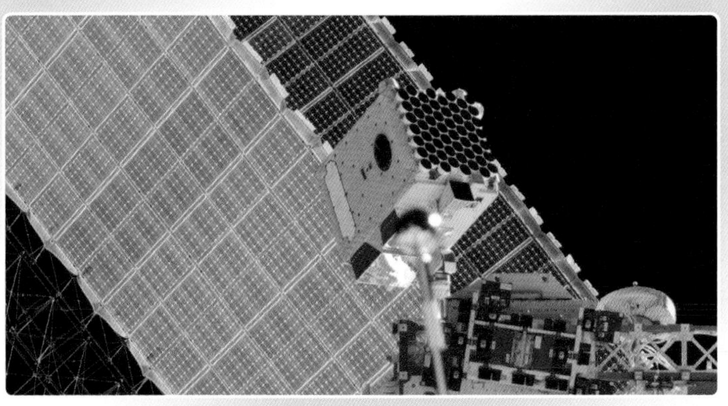

観測中のナイサー。国際宇宙ステーションが軌道運動する間、「首」を振って観測対象を追尾する。背後は太陽電池パネル。撮影：2018年10月22日、高解像度カメラEHDC1。提供：NASA

主目的

精密なX線時間解析による中性子星の物理の解明

打ち上げ／稼働

2017/06/03 21:07（協定世界時）。2020年現在、運用中。国際宇宙ステーション搭載。

開発国、組織

アメリカ

観測装置／観測手法

高時間分解能X線検出装置
(XTI; X-ray Timing Instrument)

中性子星内部構造探査装置ナイサーは、到来したX線光子の時刻を10^{-7}秒、つまり100ナノ秒という高い精度で測定できるX線観測装置です。また有効面積も広く、X線光子を大量に集めることができるため、X線天体の強度変化を精密に測定できます。

このような精密測定装置は何の役に立つかというと、10^{-3}秒（1ミリ秒）より速く変動するX線天体の研究に役立ちます。そんなものがこの宇宙に存在するのかというと、いくつかあります。具体的には、**高速で自転する中性子星や、「降着円盤」などです。降着円盤とは、中性子星やブラック・ホールを周回する円盤状のガスです。**

ナイサーは2017年6月3日に打ち上げられ、国際宇宙ステーションISSに取りつけられました。経緯台という種類の架台に乗せられ、向きを変えることができます。この点は、プラットフォームに固定されたマキシなど他のISS搭載観測装置とちがいます。ナイサーは経緯台を動かして高時間分解能X線検出装置XTIを対象天体に向けて観測します。

XTIはX線集光鏡と半導体検出器からなるユニットを56個備え、0.2 keV ～ 12 keVのX線を検出でき、1.5 keVのX線感度はXMMニュートン（p.152）の2倍です。

どんなX線天体でもXTIを向ければ観測できますが、ナイサーは特に中性子星の研究を目的とした運用を行ないます。そのため一般のX線望遠鏡の章ではなく、この章で紹介しました。

パルサーからのX線を高時間分解能で観測すると、中性子星表面の「模様」が自転につれて見え隠れするのが分かります。ただし中性子星表面からの光線は強い重力によって曲げられるので、計算には一般相対性理論が必要です。そうして中性子星表面の放射分布や温度分布を測定すると、中性子星の半径や内部構造について分かります。中性子星の構造は原子核物理によって決まるので、中性子星の性質が分かると原子核物理学が進展します。

ナイサーの観測は始まったばかりで、本格的な成果はこれから発表されるものと思われますが、これまでの成果としては例えばPSR J0030 + 0451の観測があります。PSR J0030+0451は周期4.87ミリ秒という高速回転をしているミリ秒パルサーです。ナイサーの観測データから、PSR J0030+0451の表面放射の分布が得られ、半径は12 km ～ 14 km、質量は1.2太陽質量～ 1.6太陽質量と求められました。

この装置は一度、ナイス（NICE; Neutron star Interior Composition Explorer）として計画されましたが、そのときは採択されず、実現しませんでした。2回目の提案でようやく採択されて実現にいたりましたが、そのときに名前が微妙に変わってナイサーとなりました。ナイサーの研究代表者はNASAゴダード宇宙飛行センターのキース・ジェンドロー博士（1967－）ですが、「NICER」の「R」は「NICE Returns」を意味するのでは？と尋ねたところ、それも面白いけど公式には「ExploreR」だから、というお返事でした。

POINT!

中性子星

中性子星は、質量が私たちの太陽の1.4倍程度もありながら、半径が10km程度しかない、きわめて高密度の天体です。大質量の恒星が、寿命の最期に超新星爆発を起こした後、中性子星（またはブラック・ホール）が残ります。

中性子星の密度は1cm^{3}あたり約1億トンという凄まじいものです。表面の重力は地球表面の重力加速度の200億倍です。もしもヒトが表面に立ったら、1ミリ秒で潰れて水溜まりになるでしょう。

このような異常な天体が天の川銀河内の宇宙空間には数十万個浮いていると推定されています。そしてその多くは高速で自転しています。中には自転周期が1秒より短いものもあって、「ミリ秒パルサー」と呼ばれます。普通の天体なら、それほど高速で自転すると遠心力でばらばらになりますが、中性子星は遠心力よりも重力の方が強いのでばらばらになりません。

中性子星は強い磁場を持ちます。強い磁場を持つ物体が高速で回転すると、電波やX線が周期的に放射されます。周期的な放射を「パルス」というので、中性子星は「パルサー」とも呼ばれます。

探査機名・観測機器名について

1. ミッション・チームによる和名があれば、それを用いた。

例：太陽観測衛星ひので、フェルミ・ガンマ線天文衛星。

2. 欧文固有名詞は、発音に近いカタカナ表記とした。

例：プランク、マーズ・エクスプレス、ハッブル宇宙望遠鏡。

3. 頭字語（acronym)、すなわち一つの単語として発音可能な頭文字は、和訳とカタカナ表記を並置した。

例：宇宙気象台ディスカバー、レーザー干渉計重力波観測所ライゴ。

4. 頭文字語（initialism)、すなわち文字を一つずつ発音する頭文字は、和訳と頭文字語を並置した。

例：太陽放射総量・分光計TSIS、超長基線アレイVLBA。

5. 中国語固有名詞は、漢字（簡体字）と、発音に近い振り仮名を示した。

例：月探査機 嫦娥（ジョウガ）四号、悟空（ウコン）。

著者紹介

小谷 太郎（こたに・たろう）

1967年、東京都生まれ。
東京大学理学部物理学科卒業。博士（理学）。
専門は宇宙物理学と観測装置開発。
理化学研究所、NASAゴダード宇宙飛行センター、東京工業大学、早稲田大学などの研究員を経て国際基督教大学ほかで教鞭を執るかたわら、科学のおもしろさを一般に広く伝える著作活動を展開している。

著書：『宇宙はどこまでわかっているのか』『言ってはいけない宇宙論 物理学７大タブー』（幻冬舎新書）、『身のまわりの科学の法則』（中経の文庫）、『科学者はなぜウソをつくのか―捏造と撤回の科学史』（dZERO）、『知れば知るほど面白い宇宙の謎』（三笠書房）、『物理学、まだこんなに謎がある』『科学者たちはなにを考えてきたか』『科学の世界のスケール感をつかむ』（ベレ出版）など多数。

◉── BOOKデザイン　三枝 未央
◉── 編集協力　蒼陽社

宇宙の謎に迫れ！ 探査機・観測機器61

2020年 3月 25日　初版発行

著者	小谷 太郎
発行者	内田 真介
発行・発売	ベレ出版 〒162-0832　東京都新宿区岩戸町12 レベッカビル TEL.03-5225-4790 FAX.03-5225-4795 ホームページ　https://www.beret.co.jp/
印刷・製本	三松堂 株式会社

ISBN 978-4-86064-611-0 C0044　　編集担当　坂東一郎

Hubble ultra deep field

提供：NASA/ESA/S. Beckwith (STScI)/HUDF Team